可适性

回 应 变 化 的 建 筑

罗伯特·克罗恩伯格 著

朱蓉 译

华中科技大学出版社
http://www.hustp.com

中国·武汉

图书在版编目（CIP）数据

可适性：回应变化的建筑 ／ （英）克罗恩伯格 著；朱蓉 译. － 武汉：华中科技大学出版社，2012.8
ISBN 978-7-5609-6976-3

Ⅰ．①可… Ⅱ．①克… ②朱… Ⅲ．①建筑设计－研究 Ⅳ．①TU2

中国版本图书馆CIP数据核字（2011）第038570号

可适性：回应变化的建筑　　　　　　　　　　　　　　　　　罗伯特·克罗恩伯格 著　朱蓉 译

出版发行：华中科技大学出版社（中国·武汉）
地　　址：武汉市珞喻路1037号（邮编:430074）
出 版 人：阮海洪

责任编辑：王　娜
责任校对：贺　晴
责任监印：秦　英

印　　刷：深圳市建融印刷包装有限公司
开　　本：889 mm × 1194 mm　1/16
印　　张：14.5
字　　数：186千字
版　　次：2012年8月第1版　第1次印刷
定　　价：168.00元

华中出版

投稿热线：（010）64155588-8000 hzjztg@163.com
本书若有印装质量问题，请向出版社营销中心调换
全国免费服务热线：400-6679-118 竭诚为您服务
版权所有　侵权必究

Flexible

Architecture that Responds to Change

Robert Kronenburg

目　录

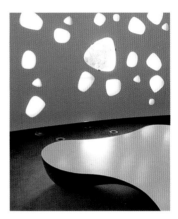

上：伊东丰雄（Toyo Ito），松本表演艺术中心（Matsumoto Performing Arts Centre），日本，松本，2004年。

下：西奥·詹森（Theo Jansen），沙滩怪兽（St randbeest），荷兰，2003—2005年。

封面：赫尔佐格与德梅隆（Herzog & De Meuron），安联体育场（Allianz Arena），德国，慕尼黑，2005年。

112~113页：休·布兰顿建筑事务所／费伯·蒙塞尔有限公司（Hugh Broughton Architects / Faber Maunsell Ltd.），哈雷6号南极基地（Halley VI Antarctica Base），2005年。

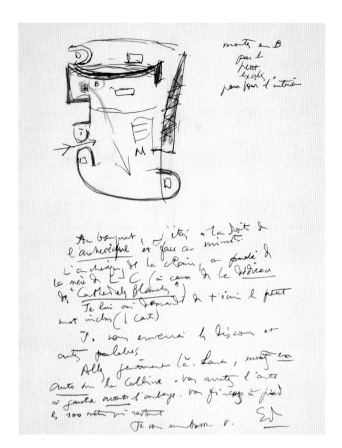

勒·柯布西耶（Le Corbusier），法国朗香教堂（Notre Dame du Haut, Ronchamp）平面草图，1955年。

前　言

当我还是学生，完成第一年建筑实习后，进行了一次穿越欧洲的长途旅行。"一票通"（即一种可使用一个月的跨交通网火车票，如果你精力充沛，使用时间还可以更长）是当时最实惠的交通方式，持票人可以在西欧的所有铁路系统和东欧的部分铁路线上进行无限次的旅行。那些包括我在内节省费用的人，通常会在其有限的经费上精打细算，不仅用火车来旅行，同时还将其作为休息和睡眠的场所。随着旅程的流逝，人们可以不必根据终点，而是通过火车的出发时间和行驶所需的时间来选择火车。利用这种方法能在火车上睡一晚，虽然并不总是可以如此。

在漫长的旅途中，乘客们结识朋友（和敌人）、玩游戏、学习简单的语言，进行休息、阅读和睡眠。我们在车厢地板上用野营炉煮食物，泡上一杯杯的茶水。卧铺、座位、地板和行李架都会成为临时的床铺。我记得有一次，火车在半夜停靠在偏远的地方，当一位睡在座位下地板上的旅伴向外伸出头去的时候，带着机枪的边界守卫明显抽动了一下。在长期的旅途中，火车成为一种缓慢进行的尝试，在其中人们来设法应对处理他们的生活，并适应明显不习惯的环境。

从巴黎到法国东南部的朗香是我所记得的最紧张但并非最长的一次旅程。火车在深夜离开蒙帕纳斯（Montparnasse）火车站，整夜咔嗒作响穿过昏黑的乡村到达目的地。几小时后我在贝尔福（Belfort）火车站换乘了地方线，但发现车厢漆黑一片，并不像1个小时或者再多些时间就能到达。于是我又陷入沉睡之中，但当小火车驶进朗香车站时，终于被一阵梦幻般的摇摆动作所惊醒。勒·柯布西耶的朗香教堂自然是我来到这个法国乡村地区朝圣的原因。从车站到达这座建筑要沿着陡峭的山丘走很长的一段路，但那是一次多么激动人心的到达。黎明刚刚过去，山林间的建筑背景伴随着升起的薄暮和鸟鸣真是令人难忘，于是我坐在邻近的石碑上开始沏茶。

在独自与建筑相伴数小时之后，牧师终于来开了教堂。我踏进了一个完全现代，但同时又是永恒的空间。教堂室内仅使用彩色玻璃窗和一排靠近圣坛的蜡烛采光，看起来纯净而简朴，但同时也显得无限复杂——这是一种对于精神性不定形的有机诠释。我站在那里的时候来了另一小群游客，他们在这个几乎空无一人的空间中缓步四周，而且没有任何明显的信号就开始齐声吟唱。这个已经相当强有力的空间伴随着声音产生共鸣，当加入光与建筑形体时，便创造出我一生中最为丰富的建筑体验。

勒·柯布西耶显然并不是宗教人士，但却创造出一种丰富的、具有象征性的精神空间，它挑战了教堂通常所依赖的仪式与礼节。在这个空间中，他使运动、声音和光线触及人类感官的本质。这座建筑的惊人之处在于它犹如远古石阵或地景艺术的环境；在于它坚实但又具共鸣性的形态；在于它不确定但又具接受力的形象；同时也在于它其自由而可适应的室内出现无法预见的事物的能力。追溯勒·柯布西耶大部分的职业生涯，从朗香教堂和其他精巧的晚期作品，到他早期追求人文主义的建筑实践，可以看出他是一个比其他大多数人都更能够创造出定性和教导动向的建筑师。

虽然这只是引发我对于回应性与适应性建筑进行早期关注并不断产生兴趣的一个事件，但也就是在这个时候我赢得了一个可变性展示设施的竞赛，之后才首次介入到这个领域中。我与两位同事一起花了一年的时间监管其建造过程，然后在英国各地进行施工。此后，我也开始介入到应用于特别活动和商业系统的临时建筑设计中。虽然这些建筑缺乏正式建筑的可靠性，但它们却具有很大的灵活性与弹性。当时，一般将可适性建筑理解为它们具有用途，但也很有限制性——人们认为这种设计没有永久、固定的建筑重要。如同我所认识到的，并且也希望本书表明，这种具有普遍性的假定能够也应该受到质疑。我们明确提出可移动的、可适应的以及弹性的设计，不仅为了解决更多的建筑问题，而且也为了比更多的传统方案做得更好。

可适性建筑包括那些经过设计，在其整个使用期限中都易于适应于变化的建筑。这种设计形态具有相当多的益处：它可以更长久地进行使用；更好地符合其功能；适应使用者的体验与介入；更易于利用技术创新；并且更具有经济和生态的可行性。同时，它还具有更大的潜力来保持与文化及社会趋势的关联性。本书探讨了可适性建筑的文化脉络及其作为一种独特建筑设计类型的历史，并且通过对于近期建造项目的分析，侧重说明新一代可适性现代建筑的创作中具有价值的特色。

伊东丰雄（Toyo Ito）所设计的日本松本表演艺术中心（2004年）是本书详细调研的一个项目。这座建筑开幕几周后，我得以与伊东丰雄在其东京的事务所见面，探讨他最近在日本和欧洲所进行的新项目。在我们谈论的许多事情中，有一件特别引人注目。伊东丰雄描述了在他较早完成的建筑中有多少是采用他所学习的现代主义传统来进行设计的。这种建筑形态的目标在于通过去除越来越多"非本质"的特征，创造出几何与极少主义的轻盈感，从而获得一种纯净的状态。在一篇极为直率和富有洞察力的综述中，伊东丰雄表明，虽然这种设计方法能够创造出无可否认的美感，但他也已经十分清楚，在某种程度上说，这意味着"人"同样也可以被去除掉。因而，伊东丰雄提出了一种平行设计的路线，现在已经在其作品中占据主导，即寻求一种可变的建筑，当人们居住并进行使用时，建筑才算完工。这种目标就是可适性建筑产生的主要法则。那些努力尝试可适性项目的优秀设计师们会使用他们所能找到的一切工具来解决问题。

本书的第I部分是可适性建筑概述。它探讨了决定当代设计的历史文脉以及可能最终会导致其变化的社会与文化变量。这部分分析了住宅作为一种建筑原型对于建筑发展所具有的决定性作用；可适性设计对公共建筑以及城市环境所产生的影响；以及使其成为一种独特建筑类型的种种策略。

第II部分围绕着可适性建筑的四个特点组织展开：适应、变换、移动和交互。"适应"包括那些经过设计用来适应不同功能、不同使用者和气候变化的建筑。这是一种具有不确定配合的建筑，它有时也被称为"开放建筑"。"变换"包括那些通过其结构、表皮或内表面的物质改造来改变形态、空间、形式或外观的建筑。它是一种可以开敞、闭合、展开和收缩的建筑。"移动"包括那些为了更好地满足其功能，能在场地之间进行迁移的建筑——它是一种可以卷拢、漂浮或飞行的建筑。"交互"包括那些采用自动或本能的方式，适应于使用者需要的建筑。它是一种使用传感器对外观和环境产生变化或能够通过运动系统和智能材料运作的建筑。但值得注意的是，由于优秀设计师可以利用所有有效的策略来解决问题，因而只有在极少数的案例中，一座建筑仅仅会被归于这些领域中的一种——所以以上所提到的这些只是主题而并非范畴。

虽然对这个普通的课题已经研究了20年，但是我直到2000年才开始致力于本书的写作工作，当时我正受邀为维特拉（Vitra）展览会《移动中的生活》提供咨询。在此，我要感谢马赛厄斯·施瓦茨·克劳斯（Mathias Schwartz-Clauss）以及亚历山大·冯·费格萨克（Alexander von Vegesack）使我能参与到这项令人激动的工程中来。当我写作之时，这个精彩的展览自首次开幕之后的三年多时间中，都一直在世界各地持续巡回展出。同时，我也必须对英国艺术与人文研究委员会（UK Arts and Humanities Research Council）表示衷心的感谢，其所提供的研究学习休假资金极大地帮助我获得宝贵的研究和写作时间。最后，我还必须感谢菲利普·科珀（Philip Cooper）、约翰·杰维斯（John Jervis）以及LK出版社（Laurence King Publishing）对该项目的参与与投入。

罗伯特·克罗恩伯格（Robert Kronenburg）
利物浦建筑学院（Liverpool School of Architecture）

第 I 部分

坂茂（Shigeru Ban），幕墙住宅，
日本，东京，1995年。

引 言

人类是具有适应性的生物。我们随意地迁移，控制物体并在大范围的环境中活动。在人类进化前期，我们的生存曾建立在移动能力与适应能力的基础上；实际上，只有这样我们才能作为一种物种得以生存。目前，大多数文化下的人们几乎都过着定居生活，但适应性又再次成为人类发展所优先考虑的事情，并且技术、社会以及经济的变化也迫使或者至少激发起一种新的流动式生活，这种生活建立在全球市场、互联网以及廉价快速交通的基础之上。

北非贝多因人的帐篷依然被用作多种不同的形式，但实质上它属于一种受压杆悬挂的张拉膜。这种帐篷轻质且可以移动，并能适应严寒气候，应付极端环境的变化。

圆顶帐篷或蒙古包是来自中亚的人造建筑。其独立的组件由专门人员制造。它将圆形墙结构与屋顶内的张压圈相结合，这种建筑通常是拆除后运输，但它具备足够的强度，短距离也可以直接运输。

本书通过对有助于我们在迁居中持续生活的建造环境类型进行分析，探讨了可适性生活的观念。它分析了可适性设计在传统和历史建筑模式中的起源，并对现代之初到当前近期的建筑进行了更为详尽的探讨。但是，本书的考察主要集中在当代建筑及其原型，它们不仅回应当今的问题，同时也预示着未来的建筑。

可适性建筑可以对其使用、实施或位置不断产生的变化条件做出反应。这是一种适应而非停滞；改造而非限制；运动而非静止；与使用者产生互动而非加以约束的建筑。它归根结底是一种跨学科和多功能的设计形式；因此，它能不断创新，并表达当代设计问题。尽管如此，可适性建筑绝非一种新现象，而是一种与人类不断发展的创造技能一起演化的建筑形式。它具有悠久迷人的历史，与建筑形式的发展本质相关联。当功能问题需要建造环境作出回应时，可适性建筑就至少会成为解决方案的一部分。可适性建筑作为对当代技术、社会和经济变化相关问题的回应，那些促成其发展的因素增强了其价值和关联性。

令人惊讶的是，大多数人还是习惯于主要由静止、实体物所构成的建筑，尽管完全具有可适性的建筑具有无限的可能性。比如，设想一座经过特别设计的住宅，它可以用来向其居住者提供不断变化的机会——选择居住在市中心的同时享有安宁和归隐，或者居住在偏远位置的同时也可以与朋友以及同事保持联系。它可以是一座平日为单独个人设计，而周末却为六个人所用的住宅，或是一个你可以在商务旅行中随身携带的住所。也许是一座目前可以符合你个人需要的住宅，但你也可以在你一生的过程中对它进行投资，并分配给你的孩子，在他们需要的时候给予他们每人一间初始的住所。可适性建筑能够创造出一种自动满足你所有需求的环境，或创造出一种不会太过舒适的环境，让你尝试不同的生活方式，并促使你进行适应和改变。

可适性室内最终可能会是完全不定形和过渡性的，当居住者通过时它会改变形态、色彩、照明度、声音以及温度——摒弃了平坦的水平表面以及软硬、冷暖、干湿之间的分界。可适性建筑可以是一座作为装置的建筑，由于特殊目的而在某一特定时间装配在场地中，也可以是作为分配的建筑，即当家人、同事及朋友在时空中某一特定点相遇在一起，达成一致性而成为共同的使用者。它还可以是一种轻轻放置而不是建造在我们城市和乡村景观中的构造，物质环境在其周围延续，其存在只是产生微小和暂时的影响。它还可以是一座与周围景观产生不那么正式的互动的房屋，并成为一种事件而非物体。就像通过其自身形态形成其特点一样，它的特点还可以取决于周围环境（建筑与景观）的变化。

可如今大部分的建筑并不像这样，虽然在前几个世纪中，我们可能已经习惯于游牧的生存方式，随着季节迁移，随身运输轻质、流动、多功能的自制工具（包括建筑），但我们现在却习惯于在固定、普遍标准化的环境中生活和工作。它们被建造成最低平均水平，服务于明显被标准化的人们，执行着标准的功能。住宅大部分来自于投机建造者们的选择，办公楼出自投机开发商们，而工厂则源自于以字母和数字编码的一系列尺寸与位置。

建筑基本是一种大规模生产的产业，尽管它依然极力获取大量生产的实际收益（例如生产与交付的效益），同时，产业负责人不断以削减成本为根本目的，对有关活动范围和大多数建筑类型的运行参数进行基本假设。因为全部采用大规模生产，所以难以适应其产品中的多样性、特殊性以及变化性。但由于一系列重要原因，建筑与汽车等其他复杂的大规模生产项目相比还是会有所不同。

建筑具有长久复杂的使用周期，其间的使用参数会发生广泛的变化。它们大部分都建造在永久性的场所之上，但随着其他建筑的重建或更替，其周围的环境也会发生持续的变化。街道、街区，并且实际上整个城市的特征都可以发生改变——从商业到住宅，从工业到娱乐业，然后再次回复。实际使用建筑的方式也会发生显著的改变，例如，建筑功能会产生变化——从仓库到住宅，从商店到办公楼，即使其基本用途保持不变，实现用途的方式也能够发展得无法辨认。由于建筑设施的供应是维持人类活动的最大投资，因而建筑的发展与再开发应该尽可能地高效。所以，适应变化的能力会成为在可持续性的条件下确定经济效能和性能的最重要因素。

毫无疑问，经济、效率以及可持续性都是十分重要的问题，但在决定建筑发展的成败上可能还存在着其他更为重要的东西。德国哲学家马丁·海德格尔（Martin Heidegger）在他颇具影响的文章《建·居·思》中，描述了人类如何认识和确立场所感。在海德格尔所列举的例子中，桥（为了定义其作为一种通过仪式的创造行为，他并没有使用"建筑"）并不是一种场所，它仅仅使场所得以产生。"场所并不会在桥之前就存在……因此，桥本身并非一种场所，而是仅仅通过桥来创造出场所。"[1] 海德格尔认为场所是通过某种超越建造

当马匹的引入预示了印第安人部落向游牧文化的转变时，出于对快速防护需求的一种应对，出现了美国印第安人圆锥形帐篷（Tipi）。收缩杆创造出可以悬挂一层非结构膜的圆锥形态。

行为的事物而产生的。虽然场所的本质是由这种昂贵而耗时的行为所维持的，但场所也能通过诸如重新整理房间中的家具或甚至只是打开手提箱等更为简单的行为产生。

在一些文化中，场所营造的行为是通过比这更具有适应性和短暂的行为取得的。在日本景观中就存在许多例子，其中场所营造就与建筑无关，而是通过"捆绑"的行为来实现的，即采用绳索、织物和纸张来环绕树木、岩石，甚至显然是空旷的场所。在澳大利亚原始文化中，一个场所能够通过沿故事中已经叙述过的指定线路旅行来进行限定。这些情况表明，场所不必通过创造永久性建筑来取得，而可移动和临时性的制造物及其位置也同样重要。西方并非没有意识到这种可能性。通过放花和留信息作为对道路交通等事故中死者的一种纪念，临时识别重要场所，就是对于这种情况的证明。

但是，海德格尔其文也清楚地表明建造行为是世界上创造居住感最重要的方式。对日本人、本土澳大利亚人，而且事实上对每个人来说，建造工作或休息场所——家的行为，就是我们一直以来所做的事情。这是一种短暂而连续的不断发展的行为。正如德国学者冈特·尼契克（Günter Nitschke）所论述，"场所是生活时空的产物"。[2] 所有这些都表明个体需要对其要求做出回应的建筑。因此，如果具有相当程度的适应性、灵活性以及变化能力，那么用于任何用途的建筑就将更好地符合我们的要求。

尽管所有的建筑都能够适应某种变化，但大多数建筑内特定数量特定尺寸的房间都具有门、窗、壁橱等固定开口，只有很少数不是如此。虽然每座建筑都可能进行某种进一步程度的可适性改造，以提供更具灵活性的空间，但却需要通过改变、转换或扩展来付出相当大的努力、不便性和花费来解决问题。那么，一种更具可适性的建筑会是怎样的呢？为可适性生活而设计的建筑是一种在其使用过程中，可以从一处迁移到另一处，或在形态和结构上产生变化的建筑——墙体可以折叠；地板可以移动；楼梯可以伸展；照明、色彩以及表面纹理易于变形。建筑的一些部分可以进行延伸，甚至完全离开场地；或者整

束缚空间，日本，京都，熊野若王子。

日本京都的修学院离宫（Shugakuin Rikyu Imperial Villa）是为前皇帝后水尾（Gomizuno-o）所修造，于1659年竣工，这些景观组合中的小巧建筑表现出传统日本理念的形式简洁、空间使用的最大可适应性，以及与外部环境的融合。

体的设施可以转动、漂浮或飞到不同位置。

这种可适性的建筑是否必要呢？人类的生理需求相当简单：吃饱穿暖。这种需求还能够扩展至我们的心理需求：感到安全和被需要。人类种族的成功之处就在于我们可适应性的能力。虽然我们能够应对各种艰辛，但我们的成功在一定程度上也源于我们对于变化和改善的内在需求。设定并达到志向是人类本性中必不可少的一部分——我们希望得到尽可能最好的食物、物品与环境。和人类成就的其他方面一样，建筑设计随着人类对进步的渴望还会不断产生变化。一种可变、可适应、可转换的建筑真是十分奇妙：充满了惊奇——就好比一个魔幻的舞台，它能使不同的活动在同一个不断变化的空间中戏剧性地产生。

对于可适性的需求并非仅仅来源于希望与契机，同时也来自于经济与需求。自从人类开始存在之初，我们就是游牧生物，过着与供给我们衣食的野生动物的迁移紧密相连的生活。即使当我们已经饲养了驯化的动物后，依然还会根据季节性的放牧进行迁移，并且当人类最终定居于长期的居住地（村庄、城镇以及城市）时，每座住宅中总有几个房间是多功能的——用于睡眠、饮食、娱乐，有时还用于工作。为此，这些房间配设了可拆卸的桌椅板凳；装衣服的箱柜同时也能作为座椅之用。睡眠作为一种人类活动，一直都具有特殊的意义，在睡觉的时候我们会脱离于正常的意识状态，因此产生了专门的象征和实用性床具设计。但是，由于人类是可适性的生物，桌凳和箱柜也常会被用作抬高的睡眠平台。

即使当社会的大部分人都变为定居，他们的存在依然还是有赖于保持游牧生活方式的一大批专业旅行者们，如从事大篷车司机、牧场主和牲畜买卖商人、水手、商人以及士兵等行业的人，或者说他们的行业通过游牧的方式得以加强。游牧生活方式的传统目的在于最好地利用紧缺资源；而随着农业与科学技术水平的提高，以及对产品和服务的新的需求的产生，这些新的旅行生活方式随之出现。它们同时也促进了具有一定适应性的移动式住所及物品的发展。

直到近三百年，欧洲才出现了具有专用功能的房间和家具[3]。但

储放农产品的仓库，英国，大考克斯韦尔（Great Coxwell），由西多会修士建于14世纪初。

在日本，可适性的生活模式则一直持续至今，部分通过习俗，部分则是由于在许多城市住宅中缺少空间所致。现代日本家庭的住宅至少会有一个榻榻米房间，根据需要可摆放、移动或移走家具和设施等灵活的物品。同一个房间可以被用作社会空间、私密的静居所以及睡眠空间。人们坐在地板垫子上（有的带有靠背或扶手），低矮的桌子用于工作或进餐，蒲团铺开用于睡眠。楼梯／储物柜常用做连接各楼层的可移动家具，在这种住宅中生活，人对住宅的使用具有更多意义的方式，而不仅仅是开灯或开窗。它可以根据不同的心情或状况来重新布置你周围的环境——你是需要一个独处和休息的空房间，还是为了迎接访客的到来而摆放舒适的物品。

尽管住宅无疑是一切建筑的根本，随后遵循多功能的可适性建筑的历史模式发展而来的特定的建筑功能已逐渐被具有专门用途的建筑所替代。但有一个例外，尽管早期非住宅建筑拥有能够容纳一系列农业活动的多功能空间，但宗教建筑却是绝对专用的，它们具有与仪式和象征紧密相关的特定空间。难得的资源被节俭有效地应用于功能需求，而在专门的宗教建筑以及之后所出现的代表地位和权力的市政建筑上却使用过度。正是这些永恒、静止的建筑创造了保留至今的遗产，它们构成了建筑史的主要源泉，一部几个世纪中风格相互更替的编年史。直到20世纪，通过阿莫斯·拉普卜特（Amos Rapoport）等人类学家以及伯纳德·鲁道夫斯基（Bernad Rudofsky）、保罗·奥利佛（Paul Oliver）等建筑历史学家的著作[4]才使人们认识到不知名建筑所具有的价值、美学和优雅。

然而，始终存在着用作功能性和实用性工作的建筑。这些建筑从而被创造成具有可以应对变化的功能性。欧洲中世纪巨大的农产品仓库本来是用作季节性储存库，但同时人们发现它们也可以用作动物庇护所、用于存放工具以及进行活动——它们可以为社会功能和娱乐活动提供聚集场所。在19世纪，英国制造商开发出预制建筑系统，使得大量的行政、工业以及住宅建筑可以被航运到世界各地。在几个世纪中，可移动军事建筑已被用作战场中的掩体、聚会以及武器制造和维

位于英国利物浦的哈利昆马戏团（Harlequin Circus），保持了使用当代材料、结构系统和建造技术的"马戏团"形象。演员和工作人员的篷车构成一座临时的村庄，其中的街道被停车场的灯光所照亮。

护场所。但是，随着战役变得更为复杂，军营福利社、医院等新设施也相继出现。20世纪早期，一批可移动建筑系统得以发展，其中包括易于运输的大跨度结构，它们可用作车库甚至飞机库。而娱乐类建筑则是另一个受可适性需求影响的领域。第一次马戏表演和巡回嘉年华会最初就是在当地的农场建筑中举行的；但是，为了提供更大、更适合的场地，在19世纪已经建造出复杂的可移动娱乐建筑。以上这些例子只是与静态建筑并行发展的众多可适性建筑的一小部分。当专用的建筑类型出现并提供当代社会所必要的设施，可适性建筑类型也已同时出现，以满足不断变化的需要。

在商业建筑、工业建筑、教育建筑、医疗建筑、军事建筑和娱乐建筑等人类活动的各种建筑类型中都有可适性建筑。但是绝大多数的西方建筑却是静止的，具有单一用途和标准化的家具和设备。那么，为什么会出现这样的情况呢？其原因与具体环境有关，而且似乎更多地与当时的经济文化史有关，而不是人类的个性特征或现代建筑中所说的功能性需求。虽然建造的过程总是围绕着道路、桥梁、场地边界等静止的基础设施，但把这些基础设施看作一成不变的背景则是一种错误的观念。

当来自经济、社会以及文化的压力对建筑的发展和基础设施的需求产生影响时，就会不断地产生变化。社会从来都不是静止的；人类文明具有趋向于变化的整体趋势——向着人类生存条件的改善而变化。这种变化对建造环境所产生的影响体现在道路的扩建和更改，设施的修复、改善和恢复，以及房屋的拆除和重建。新兴国家对外表明其经济地位的变化，首先就是通过兴建建筑物，而且通常是具有重要地位的建筑物。从这种意义上说，19世纪由托马斯·沃尔特（Thomas Walter）所设计的美国华盛顿国会大厦（Capitol building，1863年）就好比是20世纪末西萨·佩里（Cesar Pelli）所设计的马来西亚吉隆坡双塔大楼（Petronas Towers，1998年）。

在这股变化的旋风中存在着一种寻求稳定的自然倾向，但稳定也是相对性的。虽然建筑是人类活动中持续时间最长的一种表现形式，

金属仓库（The Iron Palace）建于1843年，这座殖民时代风格的预制建筑是为尼日利亚卡拉巴尔河（Calabar River）的埃亚姆波国王（King Eyambo）所建，它在英国设计和制造，在现场进行装配。

英国的卡尔弗特与莱特（Calvert and Light）公司为克里米亚（Crimea）战役而设计的移动医院，1860年。

但是这些建筑同样也处于不断的变化中，并耗费了极大的成本，因为创造它们需要经过一个再建造之前摧毁旧建筑的过程。这是建筑资源的浪费，而且设施长时间废弃不用也造成了生态的破坏和低效能。尽管如此，这种应对变化的方式已经成为几个世纪以来的常态，几乎没有受到过质疑。这是一个值得关注的问题：人类的创新性本来应以最经济有效的方式为导向，但却在不断采用显然低效的过程。原因何在？实质上，这似乎是因为人们将建筑理解为一种可用的资源，但潜在问题是它们被创造成为了一种资本的形式。

土地所有权是获得财富的一个关键因素。一旦人们拥有土地，就会将重点放在如何能使它增值上——通常所采用的方法是将土地建造得更符合人意。土地和建筑共同构成"地产"，但地产并不是建筑，也不是房屋，而是投资。投资的价值就在于其稳定性，而不是不断变化，因此，具有预期固定收入的投资会产生更为稳定的投资。建造用作投资的建筑甚至不需要有使用者，如不断为出售出租所建的投机建筑物就没有确定的预期用户。因此建筑的设计原则就设立了一种"通用型"的最低普通标准。

矛盾的是，为未来未知用户而设计本来能够成为向更灵活的建筑形式发展的动力。但它反而往往会走向对立面，因为其用户类型是由投资的潜力决定的——通常为办公楼、豪华公寓或零售业，而不是面向任何最具有（社会或商业）需求的人进行使用。因此，建筑设计方案在投机性开发中受到严格的限定。当然，建筑的设计和建造与需求、期望以及预测有关，但主要的潜在驱动是经济；随着时间的推移，它将会被证明是最佳的金融投资。

尽管如此，像其他任何事物一样，全球经济也有不断变化的倾向。因此，根据这些变化，大多数的建筑是否理应依然只是一种拨款的象征？什么才是当今建筑的需求？他们在多大程度上是一个全球化的问题，而不仅仅是一个由场地、气候、文化、经济以及法规等支配的建筑？当然，人口的全球移动已经成为一种普遍的常态。通常多数是由个体在进行着工作、城市以及社会组群的调动与变换。然而，大

巴特勒（Butler）公司建造的二战机场。飞机棚、车间，以巴克敏斯特·富勒（Buckminster Fuller）的住宅居住单元（Domestic Dwelling Unit, DDU）为基础的住宅，甚至预制的飞机跑道都能由巴特勒公司在其美国工厂中完全制造出来。

批人群越来越频繁地由于饥荒、战争和地震等灾难性的经济、社会或自然环境而被迫迁移。在这些情况下，永久性建筑就显得不合常规。其初始需求是提供庇护、维持生命，保护其不受恶劣天气的影响，以及提供医疗救助的卫生空间。紧接着是帮助难民自己想出解决方法的可持续性援助。不幸的是，许多群体通常都会在政治不稳定的状态中生存几个月甚至几年，无法恢复永久性社区。当人们能够安全返乡，所需要的支持就是帮助他们重建新建筑，抵御未来的种种灾难。[5]

灾后建造的居所会带来自身的特殊问题，但即使不是这种极端情况，实现便于使用的建筑的方法也越来越转瞬即逝——居所可能会出租，被人擅自占用，以及如前面所探讨的，购买作为某种临时性的资本，形成未来迁居的某种抵押品。我们生活与工作的场所并不只是一个特定的地理位置，它越来越多地与一系列个人活动、习惯和关系有关，而不只是在同一个地方的一系列住所。通信技术已经加速了这种趋势，发展出远程工作的可能性——直接与雇主、顾客甚至朋友进行联系正更多地成为一种享受而不是需要。此外，在我们的建造方式上，技术正带来一系列新的机遇。不断出现的新材料更为轻质耐久，并更易于制成复杂的形态。这些因素都影响着建筑的形态、形式、色彩和质地。同时，人们也正不断意识到设计对我们生活方式所产生的重要影响。使生活变得更舒适安全或更愉快的个人产品扩展了我们的生活方式。建造环境成为"我们是谁"和"我们如何生活"的扩展就与这种现象有着直接的关联。

同时，人们也正不断意识到目前所做的一切将会影响到我们的未来。因此，由公共需求所发起的国家和世界法规正极力争取在更大程度上遵守生态和可持续标准。当前，人类如何在地球聚居且如何利用其资源的问题已经提上我们个人和政府的议程。人们希望获得最佳的生活品质，同时也意识到这个目标应由全人类共享，而资源是有限的。

我们适应和变化的内在能力是影响我们的环境如何持续发展，同时不断应对这些出现的环境因素的一个核心问题。我们开始意识到工

日本大阪的阪急百货店（Hankyu Department Store）是一座提供购物／娱乐体验的多功能建筑，其中有一架摩天轮穿过建筑的主要中庭。

日本大阪的霓虹灯：快速移动，多元文化、媒体与技术至上的社会的一种物质表现。

作是可以用不同方式在不同场所完成的，而在特定场所进行工作可能并不是必需。之前的建筑必须坐落于特定的场所以实现其功能。但现在许多类型的工作都能够在远离制造或贸易的场所进行。在一些情况下，那些之前为保持运转而不得不装在固定位置的设施，如今也必须装在不同的地方，以确保有效运行。曾经一直用作专用功能的空间现在必须为不断变化的用途和客户而设计。而过去用以应对静止环境的基础设施目前则必须适应于不断变化的环境。完成所有这些不仅不能损害性能，而且还要在建造、运作和维护中使用更少的资源。

当前，驱使我们建造什么和如何建造的责任正面临着工业革命以来的最大压力。甚至连投资经济都已经承认这一事实：随着".com"商业的出现，快速发展并非建立在以往的金属、工业产品或市中心的实体结构上，而是存在于能不断到达任何地方的转瞬即逝的信息之中。

导致流动性的当代生活特征——个人移动、计算、移动电话以及廉价的空中旅行——与经济、政治、社会、人口及科技发展直接关联。目前，这些发展在西方被视作理所当然，但它们同时也会迅速传播到世界的其他部分。东欧、亚洲以及印度的日益繁荣无疑将引起相同的压力，这些压力已经导致居住在欧洲与北美人们的生活方式发生显著的变化。例如，这些区域已出现"生活方式多元化"的现象，在那里，不同规模与组成且变化更加频繁的流动组群将替代传统家庭。[6]变化所产生的社会影响正快速地成为一种全球化现象。

尽管存在这些压力，任何新形式的可适性建筑同样具有所有建筑都必须达到的相同要求。建筑具有某些永恒的品质，这些品质象征着一个稳定、发展的社会，并有助于建立连续性和目标。可适性建筑必须应对来自于文化、社会以及功能需求的新问题和机遇。它还必须提供有意义、高质量的设计，以满足人们对于意义与审美的渴求。虽然变化还在不断地发展，但它必须依然采用一种平衡的方式回应人类活动的永恒舞台——我们的私人和公共生活、家庭和社区，其中任何一个都有助于理解我们应如何在地球上栖居。

1 Martin Heidegger, 'Building, Dwelling, Thinking' (1951) in David Krell (ed.), *Martin Heidegger, Basic Writings*, London, 1993, p.347.

2 Günter Nitschke, *From Shinto to Ando: Studies in Architectural Anthropology in Japan*, London, 1993, p.49.

3 关于西方住宅室内设计发展史详见 Witold Rybczynski, *Home: A Short History of an Idea*, New York, 1987.

4 Amos Rapoport, *House Form and Culture*, New Jersey, 1969.（中文版参见阿莫斯·拉普卜特，宅形与文化 [M]．北京：建筑工业出版社，2007.）Bernad Rudofsky, *Architecture Without Architects*, New York, 1964; Paul Oliver, *Shelter and Society*, London, 1969.（中文版参见伯纳德·鲁道夫斯基，没有建筑师的建筑 [M]．天津：天津大学出版社，2011.）

5 灾后移动住宅的使用详见 Robert Kronenburg, *Houses in Motion: The Genesis, History and Development of the Portable Building*, second edition, Chichester, 2002, pp.101-107.

6 Antje Flade, 'Psychological Considerations of Dwelling' in Mathias Schwartz-Clauss (ed.), *Living in Motion: Design and Architecture for Flexible Dwelling*, Weil-am-Rhein, 2002, pp.220-237.

可适性住宅

我们可以通过一次性住宅的设计来说明现代主义在20世纪的设计突破。英国的工艺美术运动为随后产生的一系列欧洲风格——新艺术运动、装饰艺术运动、青年风格派和维也纳分离派提供了基础。在第一次世界大战后的几年中，住宅成为探究新的生活方式和实施创新技术的一项极重要典范。它是最佳的建筑媒介，同时也是传递新思想（包括从务实到晦涩的各种理念）的工具和象征。我们对于"什么是住宅"的理解为创新提供了一条基线，以此探讨从新的构造系统到实验性社会组群的一切事物。住宅是"新形式、新技术和新生活模式的实验室、试管和培养皿。"[1] 它不仅仅是住所，而且是所有建筑的一种重要设计范例，同时，在传达从建造技术到城市设计以及美学形态的各种新思想时，它还是建筑师的工具中的一件利器。[2]

奥维·格拉斯住宅（Ové Glas House），
瑞典，2004年。

当弗兰克·劳埃德·赖特（Frank Lloyd Wright）还在路易斯·沙利文（Louis Sullivan）在芝加哥的建筑事务所积累经验时，他就从国内外期刊中注意到欧洲新风格的发展。同时，他还受到美国木瓦风格的建筑作品以及其他更远国家的影响，其中包括1893年哥伦比亚世界博览会上由日本工匠建造的三座传统建筑。推拉墙体和开放平面设计使流动空间和场地自由融合，及其对自然材料的敏感性和模块化的榻榻米布局，无疑都给赖特留下了深刻的印象。他对于日本建筑的理解在1905年为期三个月的对日访问中得到了进一步的深入。

自1895年，赖特已经逐渐形成他的草原风格本土建筑，这种建筑旨在确立与自然、舒适和现代性之间的一种关联。这些建筑虽然细部千差万别，但都融入了一些共同特征。在生活区，空间通常围绕中西部寒冷冬季中住宅的核心——实体壁炉中心自由流动。墙体采用可移动隔板（这种隔板之后出现在西部建筑中）或透明百叶，这样，不仅可看到周围景观，同时也可使微风进入室内。巨大的外挑屋檐为住宅挡住夏季的炎炎烈日，同时也有助于形成低矮、线性的建筑外观，从而增强与地面之间的联系。

1909年，赖特游历欧洲，途中与德国出版商恩斯特·瓦斯穆特（Ernst Wasmuth A.G.）合作，创作了一本赖特建筑设计作品集（*Ausgeführte Bauten und Entwürfe von Frank Lloyd Wright*，

1910年出版）。这本书以及随后更廉价版本的发行和收藏都很广泛，或者至少每一位新兴的现代主义设计师们都曾经拜读过，其中包括彼得·贝伦斯（Peter Behrens），勒·柯布西耶，沃尔特·格罗皮乌斯（Walter Gropius），密斯·凡·德·罗（Mies van der Rohe）和奥托·瓦格纳（Otto Wagner）。[3]赖特的作品为即将到来的本土建筑革新创立了基础，在随后几年中，他又将草原建筑的思想发展为美国风住宅（Usonian House）：这种简单、价廉、模数化、开放式平面的建筑类型将现代建筑技术与传统材料相结合。赖特甚至还设想出一个新的城市原型——广亩城市（Broadacre City），其中具有美国中西部地区特征的自留地为这种建筑的定居者所有，每幢建筑都位于各人自己照管的花园上。他主张分散的城市布局，每一户拥有自己的土地，居住区之间以高速公路相连接，这与欧洲同一时期的设计思想几乎没有区别。

20世纪上半叶，欧洲成为建筑革命的主要舞台。由勒·柯布西耶所倡导的建筑语汇开始作为国际风格而闻名——独立支柱、带形长窗、自由墙体和平面布局，以及屋顶花园。尽管这种国际风格并不一定有利于产生更具适应性，或更适于居住的住宅，但其倡导者们宣称它为历史主义专政的解放。而勒·柯布西耶的佳作，如最杰出的作品萨伏伊别墅（Villa Savoye，1930年）则创造出一种具有近似于电影

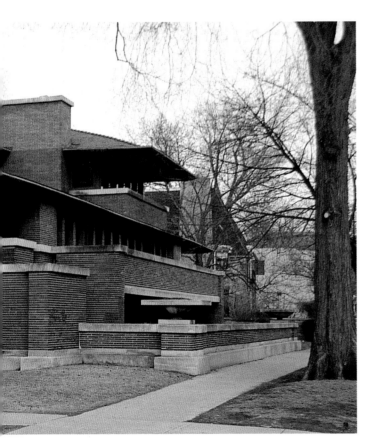

弗兰克·劳埃德·赖特，罗宾别墅（Robie House），美国，芝加哥，1911年。

勒·柯布西耶，迷你住宅，瑞士，
1923－1924年。

特性的融合空间，这些空间通过一系列的坡道和体量鼓励个体在其中的运动。不可否认，这种相互连结的生活区域就是可适性空间中的一个基本元素。

迷你住宅（Une Petite Maison，1923－1924年）是勒·柯布西耶的早期作品之一，该建筑体现出他对可适性设计的追求，在其早期的项目中，尤为如此。这幢单层的小型建筑建造在瑞士的日内瓦湖畔，是为其双亲设计的一处退休居所。这座极简主义住宅完全适合他所熟知的两位老人的生活需求，主要因为儿子会经常来访，因而设计中必须具有可适性元素，例如用来创造临时独立宾客区的格栅折叠滑屏，以及一个能容纳额外用餐者的伸展餐桌。勒·柯布西耶还设计了很多可以融入建筑形态中的家具，其中有一个抽屉组合柜，它形成了一个平台和抬高的桌子，这个桌子又与俯瞰湖面的高窗相联。

这个时期也出现了其他一些适于居住和可适性的现代建筑，其中著名的建筑有艾琳·格雷（Eileen Gray）设计的位于法国罗克布伦第马丁（Roquebrune-Cap-Martin）的E-1027住宅（1926－1929年），以及由扬·布林克曼（Jan Brinkman）与科内利斯·凡·德·弗拉格（Cornelis van der Vlugt）设计的鹿特丹范德莱乌住宅（Van der Leeuw House，1928－1929年）。范德莱乌住宅以玻璃幕墙覆盖整个立面，将室内外空间联系起来。甚至在日光浴室上方还设有可收缩的玻璃屋顶，此外，还有电动遥控的排风扇、浴室龙头、照明设备及窗帘。[4]

虽然艾琳·格雷已是一位颇有造诣的室内和家具设计师，但E-1027住宅是她完成的首件建筑作品。她与其搭档让·伯多维奇（Jean Badovici）合作完成了该建筑（这幢住宅的名称即是二人姓名的编码组合），但伯多维奇让艾琳做了大部分的设计决定。虽然这座住宅明显符合现代主义的标准，但它却表达出居住者如何与环境发生互动的一种不同感受。艾琳并没有花很多时间去研究那些建筑作为形式构成、凌驾于用户需求之上的理论，她这样描述住宅："抒情风格会在体量游戏中迷失自我，若回到现实中，室内依然应该符合人的需求，而且特别需要适应个人生活的要求。"[5] E-1027结合了许多特殊的设计元素，这些元素模糊了建筑与家具之间的界限——书桌、餐桌、椅子和碗橱都可以从住宅的墙体与表面上进行折叠或滑动。主厅是一个多用途的空间，可作为起居室、衣橱、就餐区、酒吧间或是一个包括床和淋浴间的客房。其他房间要小一些，但同样具有结合性的功能——每个内部空间都与一个私密外景相连，同时扩大了房间的体量。这座关注人们体验的现代主义建筑就像是一个创造形态的原发器。

这时期最为著名的可适性住宅或许当属位于荷兰乌特勒支的里特维尔德·施罗德住宅（Rietveld Schröder House），它于1924年由风

扬·布林克曼与科内利斯·凡·德·弗拉格，范德莱乌住宅，荷兰，鹿特丹，1928－1929年。

艾琳·格雷，E-1027，法国，罗克布伦第马丁，1926－1929年。

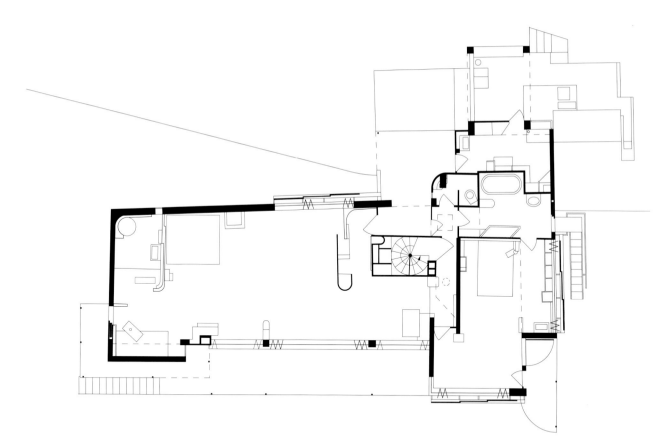

艾琳·格雷. E-1027. 法国. 罗克布伦
第马丁. 1926 – 1929年。

格里特·里特维尔德，里特维尔德·施罗德住宅，荷兰，乌特勒支，1924 – 1925年。

格派建筑师格里特·里特维尔德（Gerrit Rietveld）与其委托人，同时也是恋人的施罗德夫人（Truus Schröder-Schrader）合作设计。住宅一层的设计较为常规，但其上层的设计则反映出施罗德夫人波西米亚单间生活的浪漫图景，同时，可随意分隔的空间也可满足实际生活需求。里特维尔德利用他早期的木工经验创造出一个折叠推拉墙体系统，其组合应用可分隔出浴室和卧室。大部分家具也建造在这个系统中，与风格派大胆用色的理念以及对空间和形式的定义相吻合。也许里特维尔德至少在最初认为这种新美学运动的学术性探索是进行住宅创新，而不是可变化的室内空间的创造。这毕竟不是出于他自己实验新方法的意愿，而是其客户要求不同生活方式的结果。[6]然而，毫无疑问，现在这座住宅所具有的标志性地位不仅来源于其现代主义风格派的形象，同时也源自于它极佳的可适性室内。由于其灵活性，该住宅似乎更彻底地达到了现代主义住宅所宣称的将自由平面视作解放生活空间的理想——在很多情况下，这的确就是指对固定墙体进行不同的设置。

在荷兰建筑师贝鲁纳·毕吉伯（Bernard Bijvoet）的帮助下，皮埃尔·查里奥（Pierre Chareau）从1927年开始设计了玻璃屋（the Maison de Verre），它在这些欧洲创新住宅中最令人不可思议。这座建筑位于一个众所周知难以处理的场地上，是对巴黎7区一幢18世纪

格里特·里特维尔德，里特维尔德·施
罗德住宅，荷兰，乌特勒支，1924 –
1925年。

二层平面图

的四层别墅一二层的更新，受安妮·伯恩海姆（Annie Bernheim）以及她当医生的丈夫让·达尔萨斯（Jean Dalsace）委托，历经5年时间完成。直至今日，该建筑依旧保持着惊人的现代感，这不仅仅是由于其各楼层之间流动着的完全由发光玻璃砖墙体所限定的自由空间，同时还因为皮埃尔·查里奥（他最初是一位家具及室内设计师）所设计的装置与建筑肌理间独一无二的一致性。在固定的结构元件以及灵活装置中采用了玻璃、螺栓与铆钉固定的钢材、黑色石板、橡胶以及木材——墙体可以推拉、旋转和折叠，吊柜可以转动；且扶手、植物架、桌椅都具备设备而不是家具的美感。此外，该建筑还包括一个升降机、私人电梯和通向卧室的可收缩楼梯。虽然它是一个委托项目，但在最终的设计中却能够感受到一种材质与尺度的清晰语汇。该建筑对建造技术和材料的表达对设计出相似效果的当代建筑师们，特别是理查德·罗杰斯（Richard Rogers）产生了巨大的影响。

现代主义住宅设计的主要贡献就在于空间的融合，即通常被描述为"自由平面"的无界空间。而"消隐的墙体"也几乎同样重要，这在密斯·凡·德·罗于1929—1930年建造在捷克共和国布尔诺的图根哈特住宅（Tugendhat House）中也许可以得到充分的体现。它与西班牙巴塞罗那展馆（1928—1929年）建于同一时期，后者采用了许多密斯早期设计的标志性元素——连续开放空间（至少在主要生活

皮埃尔·查里奥，玻璃屋，法国，巴黎，1927—1931年。

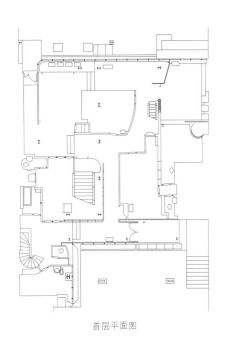

首层平面图

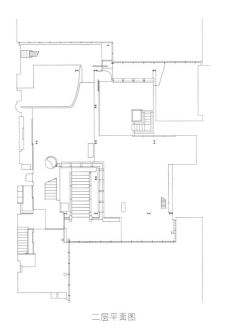

二层平面图

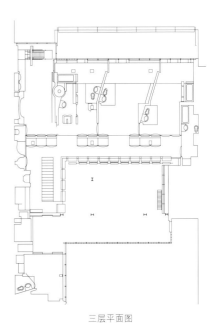

三层平面图

区）、镀铬的十字柱、压花石木垂直隔断，以及从楼面至顶棚的玻璃墙体。住宅内部区域通过特别设计的家具来进行界定，例如桌椅、餐具柜以及厚重的丝绒窗帘，当拉上窗帘时能够提供视觉与听觉的私密性。而玻璃墙体更是独具匠心，两块巨大的框格玻璃装配有一个机械装置，可以使它们完全收缩进下方的楼板，从而将房间从住宅变为展厅，并将其与城市和树林山谷的景色直接相连。

密斯设计的最后一幢住宅是于1950年建造在美国伊利诺伊州普莱诺的范斯沃斯住宅（Farnsworth House）。这里，拥有全景玻璃窗的流动玻璃展厅概念被发挥到了极致，全玻璃墙体创造出一种令人倾倒的流动建筑空间的视觉标志。唯一的主要开口构件是住宅一端的两扇双开门——尽管范斯沃斯住宅的墙体透明，但它们却无论如何也不能打开，致使密斯的委托人报怨称自由空间"实际上非常固定"。[7]

之后其他很多建筑师也以丰富而完美的方式运用过消隐的墙体，例如马塞尔·布鲁尔（Marcel Breuer）、克雷格·埃尔伍德（Craig Ellwood）、菲利普·约翰逊（Philip Johnson）、皮埃尔·凯尼格（Pierre Koenig）、奥斯卡·尼迈耶（Oscar Niemeyer）以及鲁道夫·申德勒（Rudolph Schindler）等。理查德·诺伊特拉（Richard Neutra）1946年为考夫曼家族（在十年前曾委托弗兰克·劳埃德·赖特建造流水别墅）设计的位于棕榈泉的住宅中运用了玻璃滑屏，从而

密斯·凡·德·罗，图根哈特住宅，捷克共和国，布尔诺，1929 – 1930年。

完全模糊了室内外生活的边界。在这里，诺伊特拉还建造了一座屋顶观景台，采用了不同类型的移动墙体和一组垂直铝制百叶，它们可以通过开合以观景或通风。

虽然这些标志性建筑被设想为可以体现出现代建造技术的优越性，但是它们却并没有设计成可以为大部分人所用的样板房。尽管如此，沃尔特·格罗皮乌斯在AEG公司与彼得·贝伦斯一起工作期间受到其影响，在二战前几年从事过几项工厂建造住宅的工程，并于1972年在斯图加特举行的魏森霍夫（Weissenhofsiedlung）住宅博览会（由密斯·凡·德·罗负责）上展出了一组精心设计的预制实验性住宅。尽管勒·柯布西耶的公众集合住宅（mass-housing）设计概念主要集中在伏瓦生计划（Voisin Plan）和光明之城（Ville Radieuse）的多寓所高层建筑塔楼上，但他在这一时期还设计过一项小型住宅项目，虽然这个项目并不十分成功。[8]

对于住宅设计中工业技术的探索并不限于欧洲。预制建筑技术被公认为一种不只具有工业美学，同时也提高了建造品质和速度的方法，其促进可适性的主要潜能在于其使工厂的生产不受场地限制的能力，以及采用同样的构件做出多样化布局的模块化能力。1931年，曾经在勒·柯布西耶工作室参加过萨伏伊别墅工程的瑞士建筑师——艾伯特·弗雷（Albert Frey）与总部位于纽约的《建筑实录》

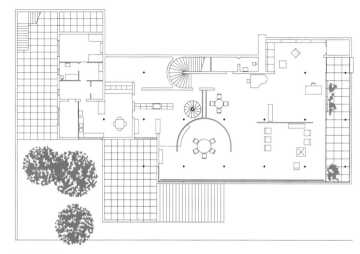

二层平面图

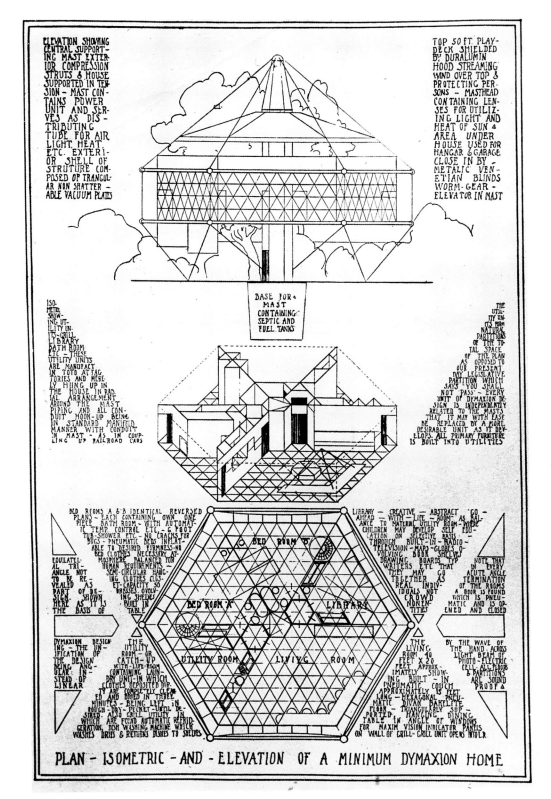

巴克敏斯特·富勒，最大化利用能源住宅，美国，芝加哥，1929年。

(*Architectural Record*)杂志常务编辑劳伦斯·科克（Lawrence Kocher）合作设计建造了阿鲁米耐住宅（Aluminaire House）。这幢建筑最初是作为在纽约举行的联合艺术及建筑产品展览会上的中心装饰品，但之后它被重新放置在长岛作为永久性的建筑物。这座建筑具有许多创新的建造技术，相当重要的是其预制装配使它仅在十天内就可以被重新建造，并在六天内拆卸完毕。其铝钢框架外覆铝板型材，为了适合展览中所分配的空间，其建筑平面十分有限。弗雷设计了许多多重用途的家具——缆绳悬挂的床，可折叠起来以扩大空间感的半透明隔断，还有从墙体拓展出的桌子。此外，他还为该住宅设计了便于贮藏的充气家具，不过最终没有实现。

当时针对大规模样板住宅设计的问题在于寻找必要的资金投入。传统的建筑公司以及工会都反对这种构想，他们害怕如果设计师们实现了其预想，那么其行业中就会出现大规模的失业。[9]

尽管只是以样板房形式存在，但巴克敏斯特·富勒（Buckminster Fuller）的最大化利用能源住宅（Dymaxion House，1929年）一定属于关注大规模生产，为大多数人们以廉价费用取得高品质个人居住环境的最著名住宅设计范例。富勒通常用来描述其众多发明的"Dymaxion"一词，是由马歇尔·菲尔德百货芝加哥店的推销经理杜撰出来的，1929年富勒曾在那里进行讲座，并展示了他所设计的4D住宅模型。这幢建筑与当时所流行的建筑风格或理论之间并没什么关联，它通过使用最新的技术——其中有许多只是才得以实现——来提出为其拥有者提供舒适安全的独家宣言。富勒热情洋溢的演讲描述了一座工厂建造的建筑是如何被运输到工地上，并在数天内建立起来。它可以防地震、洪水和龙卷风，有空调装置，充分配置了家具及零部件，诸如收音机、电视机（那一年电视刚刚首次展出）、打字机以及计算机。这座住宅可以通过其自身的电机、污水处理以及一个陆空两用飞机汽车运输装置而自给自足。被重新命名的最大化利用能源住宅受到了媒体的广泛报道，其中多为赞同之声。但迅速蔓延的经济萧条却使其建造化为泡影。

在1945年二次世界大战进入尾声之时，比奇飞机公司（Beech Aircraft Company）一直在寻找新的制造任务，并取得了富勒的帮助来合作设计最大化利用能源住宅的一种可行形式。尽管之后这座建筑在形象上略有不同，但很多富勒最初的省工、环境和可适性设计的构想却得以保留。他的设计（现为一个等比例模型）再次获得了广泛的赞誉。这一新住宅的所有构件可以被置入一个4.8米×1.3米（15.8英尺×4.3英尺）的筒形集装箱中，一列铁路货车可运输8个这样的柱体。这座住宅能在200小时内建造起来，大致相当于一组16个训练有素的工人干两个工作日。[10] 1946年，已有37 000张订货单主动上门

求购这种产品，预计将以每年制造250 000个部件，每个6500美元的价格投入生产。但生产却并未能进展。比奇公司主管称富勒拒绝放弃生产的设计控制权，而且还不断进行无数次的细节改动，直至他们被迫将此计划搁置起来。富勒则认为企业还未达到生产这一产品的要求，因为没有办法用船运送或安装这座建筑，并且他觉得出售某种他自己知道无法运送的物品是不诚实的行为。[11]

当时，美国已经遭受了5年的建筑业投资不足，这主要因为战争的耗费导致了新住宅的巨大短缺，而富勒的最大化利用能源住宅则想要满足这种需求。但在英国，这种需求更为紧迫，因为战争的轰炸也已经毁坏了400 000座住宅。当战争结束似乎已经迫在眉睫之时，政府开始了临时住房计划，以便可以尽快提供尽可能多的住宅和利用多余的军工厂来进行此项工作。在这种情况下，来自传统建筑业的阻力就显得无关紧要，同时，在建筑方法及材料方面的实验受到了积极的鼓励——标准化成为速度、经济与可适性的关键所在。

主要的住宅生产系统有4种：Arcon、AIROH、Uni-Seco和Tarran，它们虽然在建造材料和方法上各有不同，但在布局方面却都十分相似。尽管处在可用劳动力减少、材料受限制的环境下，这些系统在战后5年中却生产了130 000多幢新住宅。由布里斯托（Bristol）飞机公司建造的AIROH铝平房（AIROH Aluminium Bungalow）工艺最

巴克敏斯特·富勒，威奇托住宅（Wichita House），由比奇飞机公司制造模型，美国，堪萨斯州，1945年。

令人赞叹，数量也最多（共生产了54 500幢）。或许出于偶然，这些只经过简单设计的建筑——有室内浴室、厨房和小型花园的独立式两居室小屋——可以使居民按照自身的需求来改变他们的新居。它们被人们亲切地称为"预制小屋"，并广受欢迎。它们提供了与传统屋舍美好家庭的一种直接联系（至少在英国如此），但同时这种简单、现代的建筑又使其居民在经历了一段极端匮乏和变化无常的时期之后，能为自己建起一个新家，甚至还能通过家具、装修以及园艺来赋予其个性。在美国唯一可与之相比的事业是由政府投资、但却是商业化生产的铁皮屋（Lustron Home）。然而，在3年耗费4千万美元后，却只有2500幢住宅面世，公司也被迫倒闭。

美国企业最后创造出一种可实施的预制房屋——移动住宅。它们的"移动性"主要是指能易于送达几乎任何场地——只有一小部分曾经被重新安置过。这些工厂制造的不太昂贵的建筑并没有依赖于复杂的制造技术与相对昂贵的材料，而是采用了简单的木框架以及那些便宜而易于获取的常规材料，为整个国家提供了现成的住宅。遍布全国的多家公司提供了多样化的工业产品，以满足不同区域的需求。

从20世纪三四十年代至今，移动住宅厂商已经能够应对其客户的需求，并在其产品的种类和质量上都保持稳固增长，为了避免认为这些住宅廉价的偏见，它被更名为"工厂预制住房"。现今，这些住

宅的建造往往要比美国其他"现场"建造的建筑具有更高的标准，因为它们利用了在工厂有利条件下进行装配的重复性的细部。由于具有框架构造法的特性，因而平面非常灵活，同时，竣工的建筑具备很多预装设施、涂饰面以及用具，而且有从乔治亚式到"砖坯"的几乎无数种"风格"。北美生产的所有新住宅中有1／4以上都是工厂预制住宅，并且，有趣的是，如今建筑师们准备利用互联网来认真对待这种策略。[12]

从20世纪50年代起，工业建筑技术在很大范围上开始取代预制小屋和全世界城市中的无数老住宅：混凝土塔楼、甲板住宅以及在大型结构中的住宅，其中每一个即便不包含上百户，也至少有许多家。在英国，这些建筑与临时住宅计划（Temporary Housing Programme）所提供的独立住宅存在一个相似之处，即仍然采用传统平面布局，而重点关注于提供室内浴室和厨房等现代便利设施，以及多快好省地建造出新住房。在很多方面，二战后全世界采用的大规模工业技术表达了战前时期现代主义者们所预计的目标，即住宅可以为每个人来确定标准。同时，大规模工业技术还通过将建造形式缩小为包含一个最小化固定空间住宅的方式来取代家庭的概念。但出于城市规划、设计与建造的原因，居民们基本上不可能使用这些空间。

在战后几年中，利用工业技术建造个人住宅的观念依然是当务之

位于布里斯托公司滨海韦斯顿（Weston-super-Mare）工厂的AIROH（航空工业住宅研究机构）铝平房生产线，1946年。采用铆接铝板建造，备有配线、厨房和浴室的预制单元可直接被运送到现场。

"砖坯"移动住宅，美国，亚利桑那州，这些预制、轻质、易于运输的工厂制造建筑能够"适合"于地方"风格"。

急，这在美国尤为如此。1945年，纽约现代艺术博物馆组织了一次名为《明日小型住宅》的展览，其中展现了当时包括菲利普·约翰逊、弗兰克·劳埃德·赖特、乔治·弗雷德·凯克（George Fred Keck）以及卡尔·科赫（Carl Koch）等诸多著名建筑师们所做的足尺建筑实例。所有这些建筑或多或少都会采用预制技术。同年，《艺术与建筑》（Arts & Architecture）的约翰·伊坦斯（John Entenza）发起案例研究住宅（Case Study House）计划。1948年，查尔斯（Charles）与雷·埃姆斯（Ray Eames）夫妇为自己建造，并得到埃罗·萨里宁（Eero Saarinen）帮助的8号案例研究住宅（Case Study House #8）无疑在这些建筑中最具有影响力。8号案例研究住宅是一个可以居住的特大型珠宝箱，由工业成品构件制成，计划容纳埃姆斯一家的手工艺与艺术品，并为他们的日常生活方式提供便利。穿过室外庭院，从住宅到工作室，空间之间的衔接非常流畅。艺术品、小地毯、家具以及植物散布在楼面周围，或是粘附于墙面、天花，悬挂在空间中。埃姆斯夫妇随后还设计了一个组合式玩具房，由利华（Revell）公司制造，再现了他们为自己家庭所创造出的那种愉悦轻松氛围。

在整个20世纪中，都存在着一种寻求"理想"住宅设计的强烈爱好，而其中很多设计都将灵活性与适应性作为一种关键的创新元素。

查尔斯·埃姆斯、雷·埃姆斯及埃罗·萨里宁，埃姆斯住宅（8号案例研究住宅），圣塔莫尼卡，1948年。

建筑电讯，彼得·库克，移动居所，
1964年。

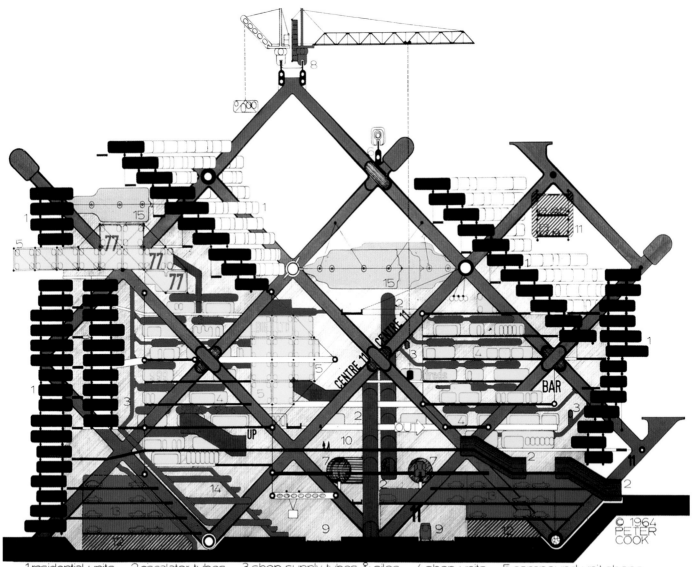

1 residential units   2 escalator tubes   3 shop supply tubes & silos   4 shop units   5 compound unit shops
6 fast monorail   7 local monorail   8 craneway   9 heavy duty railway   10 maximum circulation area
11 fast road   12 local feeder road   13 local parking   14 local goods sorting   15 environment seal balloon

但是，要预见住宅的未来也就是要预测社会与文化的未来——即我们将如何生活以及我们需要或追求什么？已经有无数种"未来之家"的样板房不断引起设计行业和公众的极大兴趣。这些非常实际并关注于感识需求的实验性设计之所以都没有超越样板房阶段主要是由于赞助商的特点——他们通常都是一些只制造或出售普通、典型或常规产品的人。

1929年，为吸引客户来参观马歇尔·菲尔德百货芝加哥店中一批最新的法国进口家具，巴克敏斯特·富勒的最大化利用能源住宅被作为一种宣传噱头进行展出。弗雷德里克·基斯勒（Frederick Kiesler）于1933年为纽约新兴现代家具公司（Modernage Furniture Company）而创作的空间住宅（Space House）是一个有机壳状结构，其不同楼层与活动隔断划分的空间使整个室内成为一个连续流动的体量。艾利森（Alison）与彼得·史密森（Peter Smithson）1956年为未来住宅所作的设计使用了由塑料制成的有机联锁空间，以及一体化内嵌式烹饪、洗涤和娱乐设备。这项设计在伦敦"每日邮报理想家居展"（Daily Mail Ideal Home Exhibition）中展出，该展览对于住宅建造者和DIY爱好者来说，已成为一个公认的商业橱窗。尽管这些展品提供了非常现实的机会，但对主办者来说，它们主要被视作令人兴奋的群众广告，而参观的游客则将其理解为现代娱乐而不是未来的现实。

然而，样板房的设计无疑已经通过其所探讨的问题对后来的设计者们产生了建筑形态发展的影响。实验性设计也同样影响了主流思潮，而且最后有许多曾经人们认为刺激兴奋、但却不切实际的想法和观念突然变得可以实现。20世纪60年代见证了实验性建筑设计的大进发，这次爆发作用于蔓延的商业主义、冷战紧张局势以及大部分新城市开发引起的单调乏味和千篇一律，与遍及全社会的反文化相关联。同时全世界范围明显出现了一类先锋派的年轻团体：美国的"蚂蚁农场"（Ant Farm）及"艺术与建筑实验派"（EAT）；意大利的"建筑伸缩派"（Archizoom）、UFO及"超级工作室"（Superstuido）；奥地利的"蓝天组"（Coop Himmelblau）、豪斯·鲁克尔公司（Haus-Rucker-Co.）与"缺环"（Missing Link）；法国的"乌托邦"（Utopie）；日本的"新陈代谢派"（Metabolists）；英国的"建筑电讯"（Archigram）。这些团体中的大部分都开始向建筑传统观念进行挑战。他们采用来自其他行业的新材料和技术进行实验，提出非常规的环境，其中有一些试图为沉思、心灵拓展或是单纯娱乐产生全新的空间体验。而其他的则被视作对于住宅等公认建筑类型的置换。但所有这些都仍具有很强的争议性。

"建筑电讯"的作品受到了最广泛的宣传，这可能主要是因为他

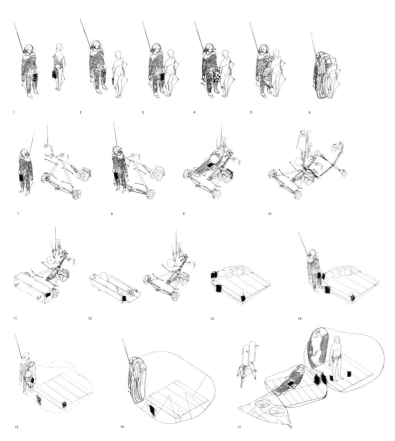

建筑电讯，迈克尔·韦伯，可穿型房子，1968年。

们的目标在于沟通思想而不是将其哲理化。事实上，后来建筑电讯有许多想法在现实中都曾进行过探索，虽然这些探索是由其他人而不是团体最初的成员所进行。1964年由彼得·库克（Peter Cook）提出和发布的概念——移动居所（Plug-in City）是将预制住宅组装成高密度可变动城市模式的项目之一。其他同主题的项目有1964年由沃伦·乔克（Warren Chalk）所设计的胶囊住宅（Capsule Homes）以及1965年由沃伦·乔克与罗恩·赫伦（Ron Herron）共同设计的垫圈住宅（Gasket Homes）。[13]

日本的"新陈代谢派"团体与"建筑电讯"同时出现，但由于当时日本商业快速增长的"经济奇迹"，他们至少能够建造出一部分的工程项目，包括黑川纪章（Kisho Kurokawa）建于东京的中银舱体大楼（Nakagin Capsule Tower，1972年），其中至少部分实现了插件（Plug-in）的概念。胶囊酒店在日本的专用建筑或仅占用几个楼层的多用途建筑中随处可见，这种酒店也可以追溯到"建筑电讯"。该团体关于"一次性住宅"的概念也同样具有启发性。1966年，受美国国家航空和宇宙航行局（NASA）太空服和生存太空舱的启发，迈克尔·韦伯（Michael Webb）创造出便携式单人环境服"Cushicle"，能使个人舒适地到达任何地方。韦伯的"可穿型房子"（Suitaloon，1968年）采用"充气住宅"设计进一步将此概念加以拓展，"充气住

黑川纪章，中银舱体大楼，日本，
东京，1972年。

宅"穿起来像一套衣服，可以需要时充气膨胀。它也可以附加到其他
物体上，如附加到发动机、车轮上，将其转换成一辆个人交通工具。
"可穿型房子"在21世纪的翻版是北极星国际（Polaris International）
的生物庇护所（Bio-Shelter），它是一个加压的空气过滤帐篷，目的在
于提供对抗细菌战的住房和防护。它在外观上与韦伯的设计惊人地相
似，但其作用自然是限制而不是扩展生活方式。

用来创造充气式生活空间的充气结构深受这些实验团体的欢迎，
因为这种技术具有强大的相关意象，即灵活、有机的速成建筑。1967
年，让·保罗·约曼（Jean-Paul Jungmann）设计出一座由充气板
制成的实验性充气式住宅"戴奥顿"（Dyodon），其充气板构成一个
带有整体式充气家具的多层空间。"蓝天组"次年创造出罗莎别墅
（Villa Rosa），这是一个能够用手提箱携带的充气式生活环境，有一
个内置充气床并可以与其他空间相连接用作群体生活或娱乐。20世纪
60年代以后，实验性建筑似乎从一种决定挑战权威的激进运动，转变
为设计者在赢得大型委托任务之前要让其作品备受关注所进行的某种
事物。但是，其中依然也存在一些能够引发想象和赢得潜在客户的独
特概念。

伦敦建筑师阿曼达·莱韦特（Amanda Levette）和简·卡普利茨
基（Jan Kaplicky）是"未来系统"（Future System）建筑事务所的

霍登·查理·李建筑师事务所和哈克·霍普芬恩建筑师事务所，微型住宅，德国，2004年。

负责人，该事务所设计了一系列受技术启发的假想住宅。这项工作开始于1975年，采用380客舱来进行建筑设计，设计采用交通工具的意象和技术，来创造出一座能设置在任何地方的最小化移动住宅。"未来系统"继承了"建筑电讯"具有吸引力的通信技术，但他们更多的作品则集中在设计方法上，"未来系统"创造出一个未来15年中可以随家庭变化而不断发展的住宅设计，同时也为美国国家航空和宇宙航行局的太空住所开展委托工作。虽然许多设计师都曾经对可放置到任何环境中的复杂的可移动的技术住宅的概念进行过探讨，但其中很少能得以实现。不过建筑师理查德·霍登（Richard Horden）已经正式做出以技术为基础的住所的小型样板。滑雪住宅（Skihaus）是一座可空运的建筑，适合作为2人用的高山住所。它以一头牛的重量作为约束条件，这也是瑞士阿尔卑斯山区救援直升机可以携带的最重物体。10年后，滑雪住宅依然被空运到新的地方。霍登接下去还建造了其他一些最小化的移动住所，其中包括在慕尼黑理工大学与霍登·查理·李建筑师事务所（Horden Cherry Lee Architects）和哈克·霍普芬恩建筑师事务所（Haack and Hoepfner Architects）共同建造的微型住宅（Micro Compact Home），这是一个大规模生产的可堆叠居住单元，其目的在于为学生和其他单身的城市中心住户提供廉价居所。

理查德·霍登，滑雪住宅，瑞士，1990—2005年。

清风房车有限公司的拖车——凯越经典的"银色子弹"样车，始于1979年。

大篷车或拖车住宅是已经得以实现的最普通的移动住宅。高级流动篷车的原型先例是清风（Airstream）房车有限公司的"银色子弹"拖车，它最初是专为富有的旅行者而建造的一次性设计。虽然自1935年推出以来不断发展，但其形象一直都没有发生过改变——一个闪光的气动圆罩，出于良好的实用性，其形态保持了下来，该形态易于维护，轻盈而稳定，便于良好的牵引。虽然清风房车有限公司的室内设计一贯精巧实用，但在设计质量方面却没有像通常那样与外部相一致。最新的模型对经典设计"班比"（Bambi）进行了修改，iN-SIDE设计小组对它进行了彻底的改造，从而可以在比起北美高速公路更适合较狭窄道路的较小型交通工具中创造出实用而具美感的环境。

毫无疑问，当富勒设计"机械翼"（Mechanical Wing，1940年）时就已知道露营拖车的先例，"机械翼"是一个可移动的设施，它包含能够接入任何简单住所中的洗涤、烹饪和供暖设备。[14]多数现代化的露营拖车一旦到达目的地，就会使用许多种装置来增加空间，诸如可升降屋顶和推出式房间。也许最简单的系统就是可收起的遮阳篷，它能够从拖车的侧面延伸出来，产生一个形成室外"起居"室的有盖空间。荷兰建筑师爱德华·伯特林克（Eduard Böhtlingk）设计的"侯爵"（Markies，在荷兰语中意为"遮阳篷"）房车所采用的就是这种方法，只不过其形式更为精致。这个简洁的拖车形式很像富

勒的"机械翼"，包含了所有的家庭服务设施，而一旦其抵达其目的地，墙壁就会折向下成为楼板，而且新空间由一个六角手风琴状的膜结构所围合，这个结构在住宅的起居一侧是透明的，而睡眠的一侧为半透明。床、桌椅都可以从中央的隔间折向下形成新的流通空间。从无个性特征的拖车到浪漫住所的转变是其魅力所在。

鹿特丹24H建筑事务所的玛提尔·拉默斯（Maartje Lammers）和鲍里斯·蔡瑟（Boris Zeisser）将位于瑞典格拉斯科根（Glaskogen）自然保护区内奥维·格拉斯的一座18世纪渔民村舍改造成为季节性住所。由于该地区对住宅面积的限制和他们将建筑从冬季改变为夏季用途的愿望，24H建筑事务所创造出一种可变化的设计，其中的主起居空间占有房间的整体部分，这部分可以像抽屉一样打开。由于使用滑轮系统和安装在滚轴上的钢构架，所以只需一个人就能轻易地改变这个结构。当延伸突出于一条流到场地附近的小溪之上时，建筑朝向水面的主要窗口就显露出来。有机"生长"的建筑外部覆盖有红松木瓦，而内部则铺设了白桦板条，并悬挂着驯鹿皮。室内由太阳能提供照明，并通过一个原木炉供暖。

"侯爵"房车与奥维·格拉斯住宅是设计者付出了巨大的努力和决心后才得以实现的，而此外还有更多比它们更为艰巨的实验住宅项目。这些项目的迅速发展是由于受到这种信仰的推动：即如今的挑战

爱德华·伯特林克，"侯爵"房车，荷兰，1985—1995年。

24H建筑事务所，奥维·格拉斯住宅，瑞典，2004年。

不仅是住宅要成为何种形式，而且还有住宅观念如何与建筑的一般理念相关联。以计算机为基础的当代设计与表现技法的直接性，使很多仍处于概念设计阶段的方案变得更容易理解且更具挑战性。如今，透过动画、实时漫游，要比只看富勒的最大化利用能源住宅的纸板模型更容易领会到一个潜在的设计。一些当代设计甚至完成了样品阶段，并对该可行的适宜环境的设施进行材料、结构和建造方面的真实测试。建造实验性建筑会涉及可行性和经费的问题，而设计师往往对此估计不足，而且这种努力通常多数会无功而返。即使能够建成这种一次性实验设计，它们能否从根本上改变住房的主流设计也令人质疑。这是因为虽然一次性住房在表达建筑创新方面无疑是一种不可或缺的工具，但它并不是一种大多数人都期望的解决之道。

建造与单栋住宅相对应的住宅群会遇到和一次性设计根本不同的问题，同时，对于希望为居住者提供适用性的设计师来说，也会涉及极为不同的问题。无论是由著名建筑师所创造——他们会采纳包括客户确定内容之外的一系列想法和标准，还是由个人独立工作或与专业人员共同产生出的某种十分个人化的东西，一次性住宅都具有较高的知名度，尽管它只占到整体住宅群的一小部分。更多建造的住宅都是作为集体住宅群项目的一部分，这些住宅群项目由公共基金或有利润动机的商业项目赞助，在建造过程中，居住者与设计者基本没有

交流，即使有也非常少。无论对客户来说，还是作为一种实验，一次性住宅设计都与设计大规模的住宅群（无论是公共的或私人的）完全不同。前者通常基于第一手的知识，并可以清楚地表达要求和关系，后者则是建立在理论，甚至假定的设想基础之上，即使可能会有一个"真正的"客户以开发商的形式出现。如果我们仅仅考察住宅的一个因素——家庭的本质，那么就不难发现有极多的问题与儿童、成年人和老年人之间的平衡有关。也许很容易假定儿童与教育有关，但是哪个成年人工作？哪个成年人照看小孩？哪个又接受继续教育呢？在一个家庭中，显然也可能是父亲照看孩子，母亲工作，而祖母上大学。如果设计者希望为居住者不同的生活方式做准备，那么集体住宅群设计中的可适性就显得必不可少。

集体住房可适性的不同类型可以在更广泛的层面上进行限定。首先，作为一种使不同变化存在于同种建筑形式中的方法，可适性在居住前就必须加以设立。其次，应当具有可适性来应对未来潜在的变化。后一种的可适性设计由古斯塔·吉利·盖斐提（Gustau Gili Galfetti）进一步细分为三种类型："移动"可以使空间在瞬间发生变化，从而进行每日的重新组合；"演变"描述了几年时间中对于基本布局进行长期改变的内在性能；"弹性"涉及对居住空间的扩展或缩减。[15]

在处理所有这些可能性时必须进行深思熟虑，在投资较多的公

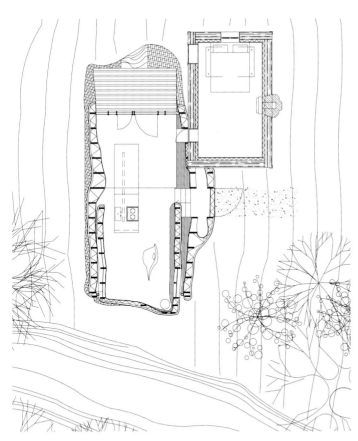

24H建筑事务所，奥维·格拉斯住宅，
瑞典，2004年。
主起居空间在闭合与伸开状态下的平面图。

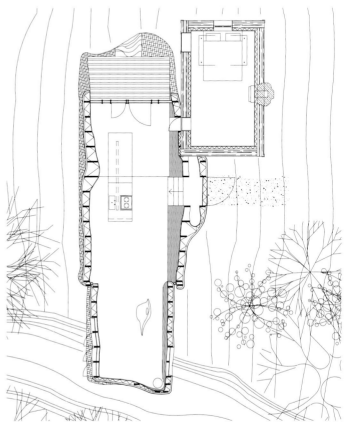

MVRDV，WoZoCo老年住宅，荷兰，阿姆斯特丹，1999年。
对于通常极端保守的住宅来说，这个激进的设计提供了巨大的场所感及个性。

共项目案例中则更应如此，因为大多数的商业性批量化住宅建筑公司都不愿意将其利润盈余耗费在如此复杂的可适性住宅群上。它同时也无疑将导致建筑与规划创新，而这会使其产品高于竞争对手产品的价格。只有在市中心公寓等相对昂贵的市场上，一些建筑商现在才不得不与其客户保持一致，因为客户们对于住宅的要求已经发生了改变，不再受到老一套的约束。绝大多数建筑商认识到他们的职权范围是给予消费者想要的东西，虽然通常这总共就是建筑商所给予他们的——在很多情况下，这意味着采用随意并置的方法对过去进行乏味怀旧的模仿，构成无意义的"非场所"。这些"跨文化"建筑的目的在于通过购买商用的大众文化产品，来进行"占有"。[16]

人们当然有权拥有他们所想要的任何类型的住房，但这些建筑最终根本不是他们自己的选择。它们是由大众消费者组织通过集中销售来颠覆性地强加给人们的，这些组织为谋求商业利益而尽量使社会变得千篇一律。一大群人无意识地消费同种商品，无疑会造成大型国际商业联合企业简单、重复、持续的销售战略。这种"住宅"在其根本上无法反映位置、场地和个体居住者的特殊愿望所产生的重要影响。这类大众建筑不仅损害了居住者的自由，同时由于它全然摒弃区域文脉，且快速的无计划扩展又占据绿色空间和农田，因而也抑制了它所吞噬的城镇和村庄的生长。如同荷兰建筑与规划师事务所MVRDV在其FARMAX提案及建设项目中所提倡的，最好采用当代可适性模式来建造高密度的城市，如果必须在乡村农村环境中建设，那么也要以较少的影响进行。[17]

然而，在高成本住宅设计及大众住宅群的范畴间确实存在相互的转换，在为相对富裕客户进行一次性项目中所取得的经验，也能够被应用于集体住宅群。从1983年开始，建筑师史蒂文·霍尔（Steven Holl）就特别在住宅群中开始实验"铰接空间"的概念。"铰接空间"是通过移动墙体产生的，这些墙体与其居民一起"参与"互动环境的创造。通过对这些隔板及表面进行推拉和物质上的操控，人们能够将其住宅重新安排成自身喜欢的样子，他们所拥有的空间也因此变为他们所需要的空间。霍尔最早进行的项目是位于纽约市的曼哈顿公寓，那里的空间一直稀缺珍贵。但是，对于家庭铰接空间可能性更为深入的探索始于1989年日本福冈的住宅群项目。霍尔向客户进行的最初介绍是针对一系列的公寓，其中一些加入了铰接空间的概念，而有一些则包含了传统的固定墙体。客户的回答是坚决要求所有公寓都采用铰接空间概念。该工程由5栋建筑物组成，它们围绕着4个水庭院进行组织。这些建筑总共包括28套公寓，每套均各不相同，公寓加入了能够根据居住者需要进行折叠和旋转的可移动墙体、转角和表面。这些公寓并非自主而固定，而是不确定和未完成的，且居住者能根据睡

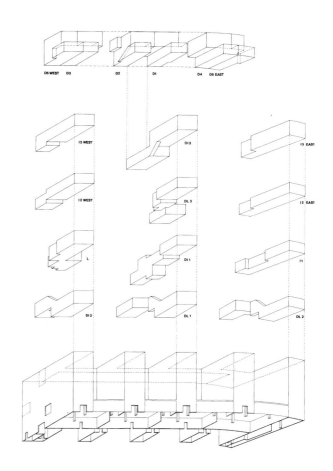

眠、饮食、工作和休闲模式，在日常生活的基础上操控空间。他们也可以对季节性的需求作出反应，在冬季暴风雪中创造出一种围合庇护感，在春日里让光线充满整个空间。

虽然也地处日本，NEXT21却是一次极为不同的尝试，它将可适性建入多户住宅中，并探讨构建未来城市住宅的最佳策略。NEXT21开始于1993年，由大阪燃气公司主持建造。它是一幢实验性建筑，其目的在于试验不同环境、能源和便利设施的长远策略。项目之初，在建筑业专家及环保人士之间展开讨论，从而确定出他们各自领域所面临的关键问题。由此产生的要求是设计一幢能以最小干扰承受在维护和住宅布局方面根本改变的城市公寓大楼，它因而能作为创新设计的试验台。建筑采用两级系统来满足研究小组的目标和个体住户的需求或生活方式。钢筋混凝土结构框架形成第一级，它是一个长期的相对固定的结构。室内为第二级，进行了独立的设计。18幢住所中有4幢是与居民们共同设计的，同时，因为这是一个实验平台，因此剩余公寓由设计小组所提出的不同改善型生活环境组成。

建筑有许多构件，包括外部覆层都是标准化的，以便在需要的时候能易于更换或重新改变位置。于是包括工作家庭、亲子家庭和宁静家庭等的多样化住宅布局都能被装配在这个可适性系统中。目前一系列新型技术正在该项目中进行测试，其中包括垃圾压缩机和运输机、

史蒂文·霍尔，福冈住宅群，日本，福
冈，1991年。

集中供热的榻榻米垫以及一个自动洗浴机。材料受到极大的关注，使它们不含溶剂，诸如胶合板和刨花板中发现的甲醛；并且只用钉子来进行固定以避免使用胶水溶剂。在建筑中加入了一个极具可适性的隐藏式管线布置，可以使一系列先进的能源敏感系统在居民的实际使用中进行安装和监控。系统能够按照需要进行改变，这不仅是为了应对居民们的意见和要求，同时也使需要测试的新维修系统能够进行安装和对不同策略加以探讨。

从对于可适性住宅的探讨中，我们可以了解到住宅建筑的成功直接与其可适性相关联。当代住宅设计并不是某种能够被简化成一套严格规范来提供普遍样式的东西。事实上，一些采用这种方法设计的项目，虽然很小心地得以实现，但现在却能被称为"阻碍性的住宅环境"，因为它们限制了个人正确使用其新家的能力。[18] 住宅需要具有可适性来使居民在时间中进行改造。即使它们已经针对某人经过了专门的设计，但人们与他们的环境依然在不断进行着变化，甚至是一套经过精心剪裁的衣服最终也会变得太紧或者式样过时。让人们根据自己个人的方式来使用住宅，同时改变他们的环境来满足自身要求，这不仅可以让他们将建筑从无特色的空间改造为特定"场所"，而且同时也提供了可适性来使建筑随着环境而进行变化。

集工舍建筑与都市设计事务所，内田祥哉，NEXT21，日本，大阪，1993-1994年。

1 见Jonathan Bell对于"可变住宅"的介绍，*Architectural Design*, profile no.146, vol.70, no.4, 2000, p.5.

2 如Beatriz Colomina在其"媒体住宅"一文中所作的简述："住宅是建筑的最好广告"，参见Mechtild Stuhlmacher and Rien Kortehnie（eds.），*The City of Small Things*, Rotterdam, 2001, p.105.

3 据说密斯·凡·德罗在谈及现代运动的发展时曾说"赖特为我们省去了50年"，参见Jonathan Lipman, "The Art and Craft of the Machine: An Overview of the Work of Frank Lloyd Wright" in *Frank Lloyd Wright Restrospective*, exh. Cat., Tokyo, 1991, p.28.

4 范德莱乌住宅可以查看Neil Jackson, *The Modern Steel House*, London, 1996, pp.19-24.

5 Eileen Gray and Jean Badovici, "Description" [of E-1027], L'Architecture Vivante, Winter 1929, p.23, 引自Sarah Whiting, "Voices Between the Lines: Talking in the Gray Zone" in Caroline Constant and Wilfred Wang（eds.），*Eileen Gray: An Architecture for All Senses*, Berlin, Frankfurt-am-Main and Cambridge, Mass., 1966, pp.72-83.

6 参见Catherine Croft, "Movement and Myth: The Schröder House and Transformable Living" in "The Transformable House"，*Architectural Design*, profile no. 146, vol.70, no.4, 2000, pp.10-15.

7 参见Ken Tadashi Oshima以及Toshiko Kiroshita, *A&U Visions of the Real: Modern Houses in the 20th Century II*, Tokyo, 2000, p.12. 在睡眠区域也可以打开一扇小窗。

8 参见Colin St John Wilson, *The Other Tradition of Modern Architecture: The Uncompleted Project*, London, 1995, 在1929年，勒·柯布西耶同时也为160名无家可归的居民们实现了一座建造在钢筋混凝土驳船上的巴黎救世军流动避难所。

9 对于在两次世界大战之间的时期，美国创新性住宅设计样板的详细探讨，可参见H. Ward Jandl, *Yesterday's Houses of Tomorrow: Innovative American Homes 1850-1950*, Washington, DC, 1991.

10 样板房也能够进行拆除重置。

11 对于富勒所进行工作的详细探讨，可参见Joachim Krausse and Claud Lichtenstein, *Your Private Sky: R. Buckminster Fuller, Art of Design Science / Your Private Sky: Discourse*, Baden, 1999.

12 "现代组合"（Modular Modern）是一家总部设在纽约的机构，它在全球范围基础上出售采用领先实践进行设计的当代工厂建造住宅。由琼斯与合伙人事务所（Jones Partners），亚当·卡尔金（Adam Kalkin）以及卡特莱特·皮卡德（Cartwright Pickard）所作的项目在其中占据重要的地位。

13 参见Peter Cook（ed.），*Archigram*, London, 1972.

14 尤其是"动态最大"发展单元。它由商业性的人造巴特勒粮仓发展而来，这个粮仓是比奇制造的"最大化利用能源住宅"的另一个先驱。

15 参见Fustau Gili Galfetti, *Model Apartments: Experimental Domestic Cells*, Barcelona, 1997, p.13.

16 参见Manuel Gausa, "Reversible Habitat（other ways of housing）"，*Archilab 2001*, Orleans, 2001, p.37.

17 MVRDV以及完全支持这种观点的创造性建筑——特别是阿姆斯特丹的WoZoCo老年住宅（1999年）和Hengelo的3D-Tuin（3D-Tower）办公与公寓楼（2001年）——已经创作出*FARMAX*（1998年）以及*Datascape*（1999年）两本著作来表达这种哲学思想。

18 参见Antje Flade, "Psychological Consideration of Dwelling"，Mathias Schwartz-Clauss（ed.），*Living in Motion:Design and Architecture for Flexible Dwelling*, Weil-am-Rhein, 2002, pp. 220-37.

可适性社区

能够创造出场所感的建筑在非住宅与住宅中几乎同样的重要。可适性的实际优势在建筑设备的许多方面也同样重要。如果客户、设计者以及建造者都能意识到这一点，那么就会产生出色的可适性建筑案例。

弗兰克·盖里（Frank Gehry），史塔塔中心（Stata Center），美国，马萨诸塞州，剑桥，2005年。

在开放建筑（Open Building）设计策略倡导者们所采用的原则中，人们认识到当代人工环境中应对变化的压力。开放建筑作为一种设计策略，在20世纪60年代早期首次由约翰·哈布瑞肯（John Habraken）明确表达出来。[1] 哈布瑞肯认为建筑需要一套积极支持变化可能性的设计新原则。他建议建筑应该由服务性框架构成，房间和空间可以采用一种直接由体验和实践所影响的形式加入其中。开放建筑的关键法则之一在于认识到建筑环境是由许多具备不同技术类型的人协作产生的结果，而为了创造出适当的解决方法，这些技术应该得到合理利用。同时，它所拥护的理念是：新设计不仅只局限于交付客户的时候，而是一个在使用者和居住者的影响下，使用、适应和发展进行中的连续性过程。开放建筑的一个关键理念就是环境设计会在一些从城市至个体空间、具有相互关联但又各不相同的复杂层面上产生作用。在这种情况下，可适性建筑在建筑层面以及直接从属于它的层面就最为重要，例如，在行政建筑内的一套办公室或办公楼中的一个单人房间。但是，建筑的影响另外也会扩展到更高层面，特别是在街区的层面，同样有时也会扩展到城市层面。因此无论建筑形式被设计在哪里，也不管介入的程度有多少，可适性都是一个关键的考虑因素。

尽管如此，有一些场所是通过建筑形式确立起来的，那要比其他的类型具有更大的重要性，因为它们会对社会运作方式产生更为重要的影响。人类是由许多个体所组成，但正是由于他们的社会，人类才得以进化和发展。社会通过个体共享技术和资源的协作而存在。当发现共同劳作的新方式时，就会产生社会中的持续进步。因此，也许最重要的户外建筑空间就是个体之间聚会而确立的场所。其重要性可以通过事实得到强调：它们是最普遍存在的建筑空间，并且同时可以在任何一种城市和乡村环境中，以及每一种建筑类型中找到。尽管这样，对最佳聚会空间任何明确的特色进行定义还是非常困难的——它是一间教室、会议中心、法庭，还是一家夜总会？

聚会场所是最为典型的可适性空间。它必须考虑到一系列不同使用者的需求，以及在多种情况下活动发生极大变化的类型和规模。最早的聚会空间是户外的，有时坐落在邻近住处的空间中（移动或固定的），有时则取决于地形或邻近村落、组团边界。当时或现在所发生的聚会可能用作商业（市场和贸易）、娱乐（集市、表演或运动）和解决争论（审讯、辩论和战争）。[2]

历史上的聚会场所作为具有重大意义的地点，通常也是城市中最重要的空间，如广场和露天市场用来进行大型的公共活动以及临时但同样重要的日常活动。在几个世纪中，一系列可移动和临时的建筑类型被创造出来支持这些活动，并且很多到今天仍在使用，例如货棚、表演舞台和座位、小卖部和公共饮食场所。一个城镇广场在平

游客市场,巴黎,皇室皇宫广场（Place du Palais Royal）。像这种临时性和季节性的活动在日常基础上转换了城市空间的特色和用途,尽管城市层面上的基础设施是相对固定的。

时可以被用作停车场,周六作为食品市场,周日则用来举行公共音乐会或宣布一轮竞选之后的新市长。它是一个由其边界充分限定的可适性空间,但并未加以充分限制,可以允许人们进入。它配备了照明、电力和排水,以便容纳一系列可以充分改变其特性的附属设备,使其满足不断变化的功能。同样重要的是它充分可适应性的能力,可以使这些不同的功能在使用者的记忆中变得与其形象相联系(甚至取而代之)。然而,作为偶然但却重要的城市生活事件产生的特定场所,其本身依然是作为一种与城镇历史和形象相连的延续性纽带。

塞德里克·普莱斯（Cedric Price）认为建筑是一种受时间限制的灵活实体,而非固定的永久形式,这种观点使他对建筑作为限定公共空间而非分离环境物体的理念进行探讨。普莱斯的建筑设计者和理论家生涯持续了40年,对建筑是静态问题的固定应对这种信条他一直都表示质疑。他在1964年所设计的陶思带项目（Potteries Thinkbelt）中,利用数英里长的剩余铁轨为2万名学生创造出一所具有可适性的大学。在未充分利用的工业用地上,采用预制和变化的设施将创造出一种新的场所,这不仅重新定义了人们看待这个特殊场所的方式,同时也重新诠释了一所大学可能成为什么样的观念。

从1917年开始,普莱斯得以建造位于伦敦的肯特州交互中心——这是他对于回应性建筑可能成为什么样的最具决定性的设想。交互中

塞德里克·普莱斯，交互中心，英国，
伦敦，肯特镇，1971－1979年。

心以其欢乐宫（The Fun Palace，1960 – 1961年）的更早期想法作为基础，包括一个未封闭的钢结构，其中可以使用移动式起重机来定位用户决定的预制墙体、楼梯和设施模块。肯特镇（Kentish Town）建筑由"基本平台"所构成，其中交互机构（Inter-Action Trust）的个体能够定位一系列社区设施，包括工作坊、研究室、办公室、一个俱乐部和一个学前托儿所。开放的钢结构形成一个基础结构，可以在其周围放置预制元件，同时，它也确定出新的外部街道和城市广场。对普莱斯想法进行的批评认为，这个结构将只有20年的有限使用期，虽然在此时期内它将处于一种不断变化的状态。普莱斯的思想对于更为年轻一代的建筑师们，特别是"建筑电讯"的彼得·库克和理查德·罗杰斯都具有着重要的影响。

普莱斯的交互中心是一个内外空间的混合体，其中大部分计划开放作为公共用途。但是，建筑环境内的聚会场所要比公共空间更为明确，然而其设计也仍然是用来给不同人完成不同事项和工作之用。在可容纳10 ~ 10 000人以及更多人的空间里，可进行交流、讨论、做出决策、演出和仪式。这里，主建筑的特定目的能够决定空间的形式，但现在即使这一点也受到了质疑。一些聚会空间通过明确的设计来避免可适性，以便能够建立一种确定的使用模式。这种类型的典型就是宗教建筑、政府建筑和法院。这样的结果是制度和／或仪式的持续

塞德里克·普莱斯，欢乐宫，英国，东伦敦未实现项目，1960 – 1961年。

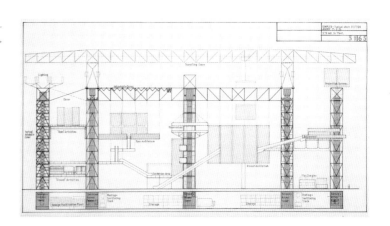

性能够优先于讨论。通过这种方式，建筑被用来帮助确定建筑所承载
事件的特征和界限。然而，一些以前能够放置在这种类型中的聚会空
间，现在也正开始质疑其传统的建筑形态，并朝着更具适应性的系统
发展。

工作场所是人们在家庭之外所使用的最重要的建筑。办公建筑
的设计在为工作组织寻求更具创造性的方式上，已经发生了明显的
变化，一系列可以改善工人经验和为雇主提升产品质量的社会和心理
因素得到了认识。办公室经常由于不确定的投机发展而进行设计，其
理念在于这种活动可以只通过提供空间和信息技术连接来进行支持。
然而，办公室同样也可以从更多专门的应对中受益，来满足变化的需
求。

最为著名的创新办公建筑之一是新公司为了其商业发展而创造
的不同类型的环境。[3] 1967年，富有影响力的建筑师及理论家赫尔
曼·赫兹伯格（Herman Hertzberger）开始为荷兰阿佩尔顿（Ap-
peldoorn）的比希尔中心（Centraal Beheer）保险公司设计新的办公
楼。他坚持"空间可能性"的哲学思想，其建筑可为使用者提供可以
适合其自身需求的构架。虽然赫兹伯格在包括住宅在内的一系列建筑
类型中都使用了这种概念，但这个办公楼是他最著名的成功之作。该
建筑由预制混凝土和模块结构组成，模块结构围绕一个等面积空间的

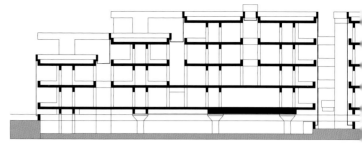

剖面图

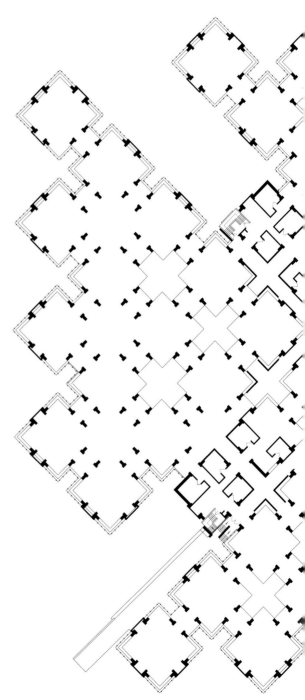

首层平面图

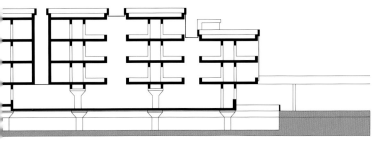

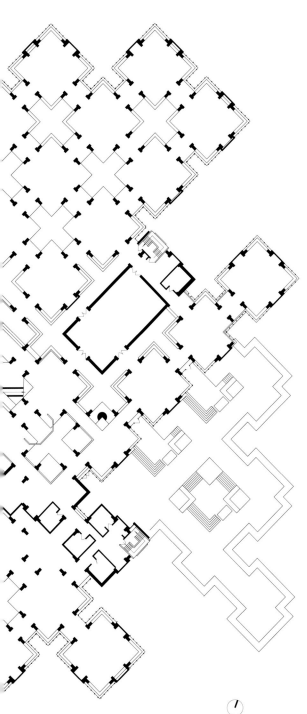

系统进行组织，这些空间可以采用多种不同的方式联系在一起，从而可以产生不断变化的使用模式。[4]它被描述为"一种组织手段"，其目的在于通过为员工提供创造性的环境来协助公司增加人们日常接触的机会和提高不同使用方式的开放性。事实上，粗糙的建筑混凝土砌体赋予它一种类似工人的物质形象，这种形象与许多行政建筑项目平滑的整体外观相矛盾。这种等级感的欠缺也延伸到室外，缺少通常在办公建筑中所具有的形式化秩序。然而，全体员工却接纳了这座建筑，用他们自己的财产来对它进行装饰，并赋予室内一种居住社区而非办公建筑的氛围。1944年，这家目前卓有成就的公司进行了扩建，以容纳1200名员工。赫兹伯格最初关于"聚会"区域重要性的想法，通过用作此用途的48个正式或非正式的独立空间得到强化。

弗兰克·盖里于2005年设计的马萨诸塞州剑桥史塔塔中心，是为替代麻省理工学院建于二战期间的90号建筑而建。这个研究所被戏称为"神奇的培育箱"，因为有许多发明均来自于其中工作的人们。这座新建筑经过专门的设计来应对于计算机、信息和智能研究领域取得成就所必需的自由思想。在与其未来用户经过长时间的讨论之后，盖里所设计的建筑以几套故意不进行清晰限定或严格分隔的房间作为特色。他同时也建造了空间重组的可能性，从而创造出刺激、可适应性的环境。设计从一个三维实体模型开始，其创建时与周围建筑相关

联，之后则随室内的重新安排而逐渐改变。建筑室内富于刺激性和随意性——走廊延伸进休息区域和聚会空间，而且视线可以穿过到达其他办公室、实验室，同时在每个转弯处都能出现室外景观。首层是多种层高的街道，里面有聚会空间、演讲室、咖啡吧、一墙高的公告板和加入通道的信息技术空间。与赫兹伯格设计的办公楼有所不同，盖里设计的建筑并没有采用那种想使其用户轻易接纳建筑的可理解的组织布局，相反，通过主张一种特别具有挑战性的建筑环境，来激发使用者的反应和回应。它是一种不平静、极度活跃、反应性的设计，其目的在于激发回应，而不是仅仅使回应得以发生。

另一种变化所发生的常见区域是在学校中。教室曾经是一个极具等级性的空间，教师居前，并确定在讲台上，孩子们在更低层就坐于一排排桌子后。然而，现代教室设计考虑到不同的活动和四处走动的教师，更喜欢采用分区空间进行小组工作，这反过来会对联系空间（以前的走道）产生影响，这种联系空间现在已经根据日间时间或学年中的日期，以一种更加灵活的方式加以利用。赫兹伯格于1980年所设计的阿姆斯特丹的威廉公园（Willemspark）学校建筑，预示了一种互动性更强的教学环境，其中，建筑空间和其细节形式在课间或游戏中，都能够激发学生和员工的感应。一个由9个联锁广场构成、布置整齐的简洁平面，通过建筑两侧之间高度的变化仔细地表达出来。丰

弗兰克·盖里，史塔塔中心，美国，马萨诸塞州，剑桥，2005年。

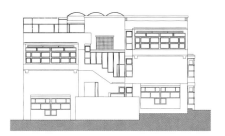

西侧立面图

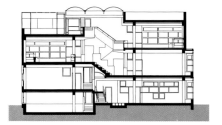

剖面图

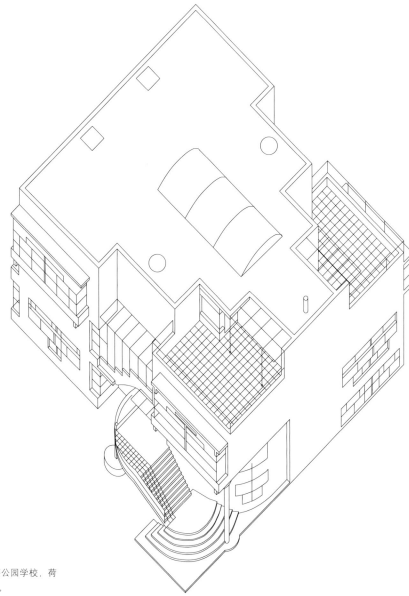

赫尔曼·赫兹伯格，威廉公园学校，荷兰，阿姆斯特丹，1980年。

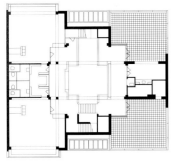

四层平面图

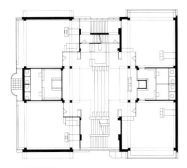

三层平面图

二层平面图

首层平面图

卡特赖特·皮卡德与约肯，自由形式模
块学校项目，英国，2004年。

富而坚固的细部为诠释用途提供了无数的机会；例如，中心的走廊能够作为聚会区、剧场、游戏室或个人学习场所。

2004年卡特赖特·皮卡德（Cartwright Pickard）为自由形式模块学校（Freeform Modular School）设计的项目计划在其空间中提供可适应性，但它同时也加入了一个与模块建筑制造商约肯（Yorkon）合作设计的模块建造系统来充分利用预制生产技术。出于场地建造速度的考虑，设计采用了预制的组合部件。这些组合部件可以采用不同方式进行排列，从而提供不同大小的教室区，或者能够聚合成群，在学校内创造出多种区域，其中每一个都有共同学习和互动的中庭空间。这些组群也可以确保在课外时间的使用，这样，在整个建筑的使用上就提供了更大的灵活性。

完全围绕"聚会空间"概念来进行设计的建筑当属FTL设计工程工作室（FTL Design Engineering Studio）为1996年美国亚特兰大奥运会而创作的美国电话电报公司世界奥运村（AT&T Global Olympic Village）。虽然大多数为奥林匹克比赛所建的设施都被设计成城市改造项目的一部分，并将接着为当地居民形成新的改进设施，但是，有一些功能还是不能被轻易地再指定为新的用途。在这种情况下就需要建造临时建筑；或者如果在未来相类似的活动中可以重复使用这种功能，就会产生便携式建筑。美国电话电报公司世界奥运村的主要作用是成为一个国际公共设施，它既可以为运动员，也可以为游客提供打电话、发传真和发电子邮件回家的服务。与这个全球"聚会"相关联的是地方公共关系和社会活动的功能，所以建筑也包括了非正式的座位区、餐厅和会议套房。

这座建筑完全被设计成一种交流工具。它包括两个薄膜覆盖的展馆，由装在两层高刚性基础上的钢入口框架构成。薄膜被用做一块屏幕，采用特殊的电脑控制投影机进行设计以矫正图像，以便它们能将赛事从体育场的展示现场或其他地方不失真地显示到弯曲的表面上。建筑构成了主要表演舞台的背景，在这里举行的每一场晚会都给超过十万名的奥林匹克现场观众和全世界数百万通过电视实况转播观看的人们带来欢乐。因此，美国电话电报公司奥运村的项目就囊括了地方性（作为会面场所和交流焦点）以及更广泛的内容（作为一种视作全球兴趣活动部分场景的文化象征）。

文化建筑是在地域、城市或国家层面上确立社区认同的关键。然而，当代文化建筑的角色正经历着改变。曾经被视为宝物陈列室的博物馆，现在正被人们理解为娱乐、互动以及教育与研究的场所。剧院和音乐厅也具有了更广泛的兴趣范围。这些机构在通过旅游进行创收的过程中都发挥着作用，并因此也在从文化作用延伸至城市更新的影响上承担着责任。这已经导致这些建筑在使用方式上的实质性变化，

FLT设计工程工作室，美国电话电报公司
世界奥运村，美国，亚特兰大，1996年。

并且在这些建筑中产生了更为广泛的活动。

由伦佐·皮亚诺（Renzo Piano）和理查德·罗杰斯（Richard Rogers）所设计的巴黎蓬皮杜艺术中心（The Pompidou Centre，也被称为Beaubourg Cultural Centre）建于1977年，其特定目标是成为一座多媒体艺术综合体。最初的要求是提供一座"巴黎的文化中心"，被建筑师们诠释为一座"具有生命力的信息和娱乐中心"。然而，竞赛任务书所要求设计的建筑物则需要包括现代艺术博物馆、参考书阅览室、工业设计中心和音乐及声学研究中心。皮亚诺和罗杰斯创造出了一个"可以在设施良好的可适性空间中进行活动交叠的真正动态的聚会场所、一个人们的中心、一个反映不断变化着的使用者需求的街道大学"。[5] 通过它来将原来针对艺术专家的目标扩展到包括临时参观者、当地居民以及游客的范畴。结果就产生了一座著名的标志性高技建筑——它是复杂而精彩、充满活力和无与伦比的。

这个设计试图表达变化以及它在实践方面的可实现性。其理念的关键在于建筑的可适应性布局，设施和入口分布于周边，从而使完全开放的楼面能够以任何方式进行重新布置。外部钢架林立，管道纵横，不同的管道和设施涂以不同的颜色——这意味着人们从建筑外表就可以理解建筑过程如何使活动和使用的自由性得以产生。室外的移动扶梯和电梯赋予立面活动性和灵活性。室内设备中建造了可适应性

皮亚诺和罗杰斯，蓬皮杜艺术中心，法国，巴黎，1977年。

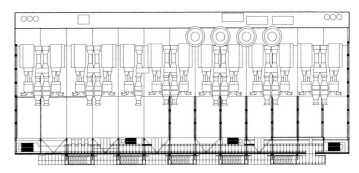

屋顶平面图

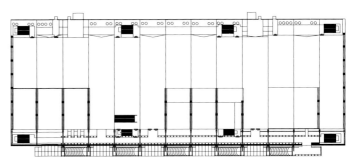

顶层平面图

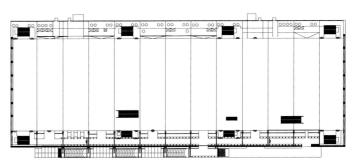

三层平面图

横向剖面图

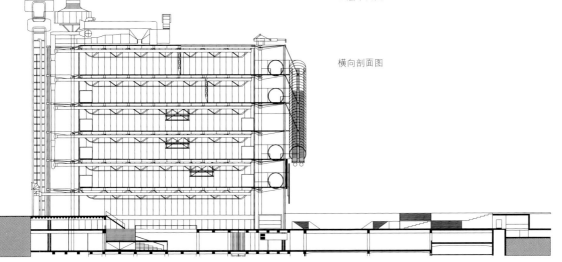

的层级——能够瞬间进行移动的小型轻质隔墙，以及可以在一小时内移动的博物馆较大型隔墙。重新安置防火墙比较困难，但它们仍然以螺栓固定，以便为重大的变化提供可能性。在首层和顶层169米×48米（555英尺×158英尺）的巨大楼板上配备有服务设施。

与其标志性建筑的作用一样，这座建筑对周边地区所产生的影响也十分显著。通过在实体上引入一种新型开放空间和通向场地的新路线，同时也通过其所带来的经济与文化转变，蓬皮杜艺术中心完全改变了它所在地区的性质。这座非常成功的建筑成为一种催化剂，它将一个受到忽略的和不受欢迎的地区改变为富有活力的发展中地区。事实上它在构造、美学和运作方面同时也成为一种创新性的建筑，这明显关联到它对巴黎市内以及周边地区所产生的影响力。[6]

伊东丰雄在2000年设计的仙台媒体中心（Sendai Medi-atheque）虽然没有像蓬皮杜艺术中心那样引人注目，但也具有相似的扩展性影响，或许在影响力上还更具有意义，这种更易感知的方式针对的是地方而非国际性的观众。虽然这座建筑是为特定功能和特定场所而设计的，但是它对于仙台市内其所处的周边地区，以及对日本其他地区所展示出的城市形象，都具有重要的影响。媒体中心的场地位于一条城市主干道延伸部分，但与主要金融区和商业区还有一段距离。建筑形象以及它在吸引当地使用者和来访者方面所取得的成功，

伊东丰雄，仙台媒体中心，日本，2000年。

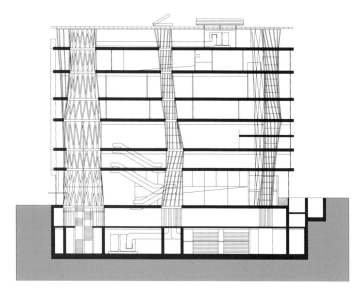

剖面图

伊东丰雄，仙台媒体中心，日本，2000年。

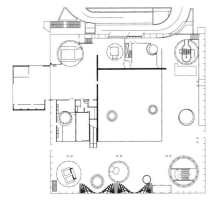

首层平面图

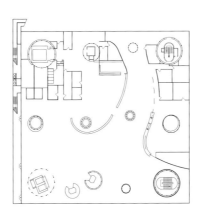

二层平面图

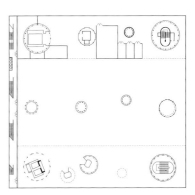

六层平面图

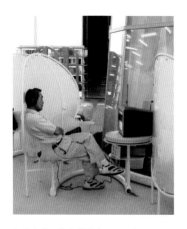

伊东丰雄，仙台媒体中心，日本，2000年。

扩大了街道的商业活力，现在那里已经有许多新的商店开业。

这座建筑由一系列平楼板组成，这些楼板被不透明的和透明的玻璃幕墙所包裹，并由一组不同波浪形钢管制成的格子"树"所支撑。虽然其中一些"树"也包含了电梯和设施，但每棵"树"的中心都保持开敞，从而使光线和空间能在建筑的各楼层之间移动。每一层都具有各不相同但却相互联系的用途——图书馆、信息技术中心、展示空间、会议室、咖啡吧和商店。建筑内所有的空间都是可达的，并且在任何可能的地方都采用了开放式平面，它们大多数具有多重功能。许多设备和隔墙都方便移动，营造个人化的参观相当容易；浏览书籍和杂志；偷听在开敞平面小间里看电影人的谈话；上一堂插花课；或是参观一个艺术展览。然而，你始终还是会不断意识到你周围的城市，在你登上顶楼的过程中，建筑的不同楼层都能提供不同的视野，而在顶层，屋顶的景色向着乡村以外的地方展开。伊东丰雄称媒体中心这座建筑第一次成功地融合了他关于创造优美空间的理念，这些空间同时也具有足够的可适应性，可以基于经验和不断发展的需求进行改造和变化。

出于文化目的而设计的建筑通常都具有相当大的影响力，因为它们一般都委托权威设计师们按照雄心勃勃的项目任务书来实施成为代表性的设计。出于相同的原因，展览和用于特殊活动的建筑也要比纯

伊东丰雄，仙台媒体中心，日本，2000年，

功能性的非公共建筑更能引起人们的关注——事实上，对公共宣传目的的需求是其任务书中一个重要的部分。

　　实验性建筑产生显著影响力的例子就是世界博览会，它是一种定期的国际性工商业展示场合，每次都在不同的国家举行。世博会的目的在于为各国提供一个场所来交流它们的想法，并且能够参与全球的商业共同体。它们提前几年就要进行策划，往往设立在一个主要城市附近。主办方通常利用这次机会来进行一项主要的基础设施项目，它将首先为活动提供架构，但在未来几年中，同时也会导致区域更新。公共交通和道路联系，服务、支持性建筑以及世博会后的使用规划等全都包括在内。政府组织（例如英国贸易和工业部）对其临时展馆的场地进行协商，这个临时展馆在为期六个月的活动开始之前很快建成。那么，是在几乎确定将成为一座临时设施上支出经费，还是志在制造一件高质量的产品之间就必须确立难度很大的平衡。世博会是伦敦（1851年）和巴黎（1899年）世界博览会在今天的继续，这两次博览会以伦敦水晶宫（1936年毁于大火）和巴黎埃菲尔铁塔的形式为这些城市留下重要的遗产。当代世博会通常不会导致这样高水平的投入，因为大多数建筑不是永久的，同时也存在着一种强有力的观点：临时建筑物不仅在经济上不可行，而且在生态上也存在问题。出于这种原因，近年来的世博会常常包括努力使效用达到最大化的建筑物，

尼古拉斯·格里姆肖，1992年世博会英
国馆，西班牙，塞维利亚，1991年。

它们利用创新和可再使用的策略，使其在世博会结束之后还能进行用途的改变。

1992年在西班牙塞维利亚举行的世博会中，英国馆被设计成一个完全可以再使用的建筑物。它由尼古拉斯·格里姆肖（Nicholas Grimshaw）与奥雅纳（Arup）共同设计，是与英国钢铁公司（British Steel）合作发起的有限竞争的结果。建筑在英国制造，并用船运到西班牙的场地上。它的设计采用合理的建造过程，这个过程利用了在装配时可以相互支撑的一系列构架。在安达卢西亚夏季极度的高温下，必须用太阳能电池板为一面冷却的"水墙"提供动力。每一个太阳能／抽水机部件都经过设计，可以在活动结束后加以再利用，为发展中世界的村庄提供电力。[7]建筑物一面具有水纹墙体，而另一面则是半透明的织物，它传达出铭刻在航海贸易史上、一个颇具影响力的主要工业国家象征。建筑无疑拥有高品质、高技术的感人形象，这种形象强烈地令人回想起它的原型——帕克斯顿（Paxton）设计的水晶宫。然而，由于运输和再建造的高成本，对一个临时和变化的问题采用这种重量级的解决方法是否恰当依然值得怀疑。

坂茂在他为2000年德国汉诺威世博会日本馆的设计中，采用了一种更为可持续的方法。坂茂创造了一种主要由纸管和细木格制成的可再循环建筑物。虽然应德国建筑局（German Building Authority）

的要求，建筑加入了一个额外的塑料层，但它也覆盖了一层以纸为主的屋顶薄膜。主要空间保持开敞，以展现与半透明纸质表皮相对的精巧结构格子工艺。在这个完全可回收的设施中，还采用了松散铺设的石头和可再利用的容器。就像1992年世博会的英国馆，建筑本身就成为其国家工程和工业卓越技能的主要展示品。

从这些案例中可以看出，在建筑设计中，提供可适应性的问题是一种对于有利因素的复杂平衡。在一些情况下，采用可适应性方法的决定，对于项目的特征以及问题的解决方法都具有关键的影响。或许专门设计成可适性的最具难度的建筑就是那些可以容纳好几千人进行公共活动的建筑。随着来自运动收入的不断增多，体育场设计变得尤为复杂。这已导致产生对于更大比赛场地的需求，但为了对这些场地提供资金，多功能性、举行其他活动以及那些与核心功能有关的活动已经成为它们的一个普遍特征。不难理解，这同样也能够导致冲突。体育活动传统上应在户外草皮场地上举行——在竞赛结果中，季节条件是一个重要的部分。此外，草地是一种活的表面，它有赖于阳光、空气和湿度而得以存在。传统的室外运动场为观众提供遮蔽，但让运动表面暴露在自然环境中。然而，运动场现在更频繁地要求用来举办音乐会或大型集会，这两者都与草地表面不相适应，而且在有遮蔽的空间中进行操作也会好得多。

坂茂，2000年世博会日本馆，德国，汉诺威，1999年。

人们已经发展出两种主要的办法来使体育场解决这些变化性的问题——开启式屋顶和展开式场地。开启式屋顶体育场属于重大的工程学壮举，它需要大跨度、机械操控的可移动结构。首个实际的开启式屋顶设计是1989年建造的多伦多天穹（Toronto SkyDome，现在的罗杰斯中心），它由建筑师罗德·罗比（Rod Robbie）和结构工程师麦克·艾伦（Mike Allan）所设计。天穹是加拿大棒球队蓝鸟（Blue Jays）的总部，但它同时也是一个多功能休闲场所，可以主办包括美国橄榄球和足球比赛在内的其他范围广泛的活动。该体育场在同一栋建筑中有一系列的设施，包括餐厅、电视工作室、健康中心、音乐厅、会议中心和一个拥有350个床位的旅馆（事实上，有70个房间实际上只能看到沥青）。由于建筑的多用途、快速的改造时间和紧凑的城市场地，使它不可能使用天然草皮来替代沥青。运动场地仅用8个小时就转变为一个多功能的空地面，而用16个小时则可以从棒球场转变为足球场的布局。在57 000个座位中，超过一半的座位能够根据所举办的活动来改变位置。然而，这座建筑多功能性能的关键还在于开启式屋顶。它由三个可移动的部分组成——在宽度上横跨205米（673英尺）以及87米（284英尺）高的管状钢拱。并且，它们可以在20分钟内在体育场的北端滑动旋转成一叠。当完全收回时，有90%的座位对天空敞开，占3.2公顷（7.9英亩）空间的绝大部分。在1997年这个创

坂茂，2000年世博会日本馆，德国，汉诺威，1999年。

分解轴测图表现出三层屋顶结构层：纸管、木表皮和纸表皮。

埃森曼建筑事务所,TSA／主体育场.
美国,亚利桑那州,1997－2006年。

RAN建筑师与工程师联盟，天穹体育场，加拿大，多伦多，1989年。合伙公司：罗比／杨+赖特建筑师有限公司，阿耶莱安·艾伦·罗勃利工程咨询有限公司（Adjeleian Allen Rubeli Consulting Engineers Ltd.），NORR建筑与工程有限公司。

伊东丰雄，松本市艺术表演中心，日本，松本市，2004年。

纪录的年份中，体育场使用了302天，并总共容纳了4500万人。

自天穹之后，许多体育场在建造中都采用了开启式屋顶，但是随着更多可以利用的场地区域，北美这种类型的最新场地将既有开启式屋顶，又有展式开场地。彼得·埃森曼（Peter Eisenman）为亚利桑那州（Arizona）格伦代尔市（Glendale）所设计的亚利桑那主体育场，始建于2003年6月，并于2006年完工。建筑设计用来主办包括超级杯在内的最具声望的美国橄榄球赛事，但它也是一个重要会议和特殊活动的场所。埃森曼所作的外部设计是一个垂直开槽的立面，它从当地桶状仙人掌（Barrel Cactus）的形式中汲取灵感，但关注点主要在于工程学。屋顶建造在两个织物覆盖的面板上，面板可进行收缩，显现整体的运动场地。体育场的自然草场可以运到场外，在那里放上大半年进行生长和维护。室内的永久性混凝土楼板具有一种嵌入式的设施网格，从而可以产生用于商业展示和音乐会的最大可适应性。这个拥有63 000个固定座位的体育场（全部备有空调装置）可以扩展为73 000个座位用于特殊赛事。旁边是一个14 000个空位的停车场，而在1.6公里（1英里）之内还有12 000个空位。

在许多不同的建筑类型上都采用了多种不同的策略，那么是否可能在产生可适应性的过程中确定什么才是最重要的元素？虽然不容易将这些多样的解决方法加以分类，但是还是能够确定很多关键、普通的因素。为了这样做，对一座已经采用这些置入其概念方法和具体实施中的因素进行设计的建筑，来进行详细考查将不无裨益。

由伊东丰雄所设计的松本市艺术表演中心（2004年开放）位于日本长野县（Nagano Prefecture）的松本市（Matsumoto），它在竞赛中通过评判组的一致意见，从其他十个小组中胜出而入选，这个评判组中还包括一个客户，他先前认为建筑的功能和场地选择非常困难。该艺术表演中心主要包括分别有240个和1800个座位的两个剧场，以及一系列排演空间、演播室、工作室和一个餐厅。大剧场是每年夏季斋藤音乐节（Saito Kinen Festival）期间歌剧表演的重要场地，同时还可以举办各种其他演出。小剧场主要是一个社区剧院，由松本市当地居民，而不是专业人士们进行使用。基地的设计相当困难，它长而狭窄，被单调的建筑和汽车停车场所包围，并且它在主干道上的形象受到其最小尽端所限制。另外，区域地下水位较高（许多当地的建筑仍然利用水井来供水），这意味着不太可能建造地下建筑。这个艺术表演中心的位置与仙台媒体中心具有相似之处，街道成为通往市中心的延伸部分。然而，现在此中心尚缺乏突出的优点或公共功能。

伊东丰雄在应对这一系列问题时不得不处理两个主要的问题。首先，也是许多大型新城市建筑所具代表性的问题，如何将这样一栋建筑有效处理在其相邻建筑旁边，而同时又为重要的公共功能创造出一种市民形象？通常剧院在其基地上会产生一种等级感：剧场前面是入口，道路进入的侧边是通道和接待设施；剧场背面是收发室，工作室和排演房间在后部。这个特殊的基地很难能这样做，所以设计师将主剧场放在场地的中心，而观众席在后部，入口、小剧场和排演房间在前面。这种不寻常的布置也帮助伊东丰雄解决了其他的主要目标——即创造的这座建筑可以被其使用者和游客所接受，并能适应和应对他们不断发展的需求。

进入松本市艺术表演中心就是进入一个大型的多层空间，一侧是售票处和接待处，另一侧平缓坡道楼梯和自动人行道旁的弧形墙通向上层。游客以环形运动通过这个空间向上，渐渐展现为一个线性体量——伊东丰雄把这称之为"剧场公园"。前面是主观众厅的后墙；这是一个大玻璃隔墙，提供朝下看舞台的视线。后面，小剧场的方盒子凸出到空间中，而在它的另一边是面向街道的餐厅。弧形墙以一种有机的形式环绕着建筑的所有公共空间。它是一个连续的体量，为剧院礼堂、餐厅、休息室和门厅提供入口，并具有不明确和无定形的特性。然而，它也凭借着自身的能力拥有一种独特的场所感。在这个空间的顶部是一个朝向排演房间的公共屋顶花园。

虽然这座建筑的大空间在形态上十分简单，但空间细部设计却有诸多考虑。铺有地毯的地面经过图形化处理，显示出与家具和建筑结构有关的阴影变化。观众席的色彩图案形成一个有明暗的阵列，在视觉上反映出空间的听觉和人工照明品质。巨大的弧形墙最为突出，它由抛光玻璃纤维混凝土板制成，7种可回收的玻璃以随机方式嵌入菱形形态中。这样提供出一种柔和、自然的漫射光，同时也形成一个光滑连续的独特墙面。它的曲线形轮廓与其他室内表面图案以及表现清晰的色彩阴影相协调。

在这栋建筑中，伊东丰雄所采用的设计手法是让使用者采用许多复杂的新方法来应对和适应建筑的功能性。他创造出的形式和空间利用新技术来拓展建筑能做什么的可能性，同时增强了建筑适应未来变化的性能。他以一种清晰而直接的方式向建筑的使用者们表达出建筑学的概念，以便他们可以理解这些信息和进行进一步的发展。在采用独特方式应对特殊问题的建筑创作中，他创造出一种特别针对其基地和内容的建筑形式。在这个独特的设计中，有四种专门的方法来应对创造可适应性建筑的问题，它们也具有普遍的适用性。

可变换的部件：在名义上专门用作某种特定功能的空间，它们能满足建筑当前的要求，但是经过设计也可以用来支持甚至鼓励其他的使用方法。大剧场有一个可降低的天花，从而能创造出不同的声学条件或一个更具私密性的观众席。舞台后面有一个大型的可调整座位

伊东丰雄，松本市艺术表演中心，日本，松本市，2004年。

区，它可以为不同观众提供视域或增加台上的合奏。后台区有一面玻璃墙，能从表演后方看到观众席。小剧场有一个可延伸的舞台、可移动的座位，并且可以选择自然光线或全部熄灯来用于不同类型的演出。这些可变换的部件激发建筑的使用者们不断进行创造性的探寻，使建筑有助于满足他们的需求。

可适应性的空间：这栋建筑采用多功能的方式来利用空间。所有剧场都需要通往观众席的空间，从而使观众可以从入口进到酒吧或表演区。表演中心的两个剧院将这个空间合并为一个连续、流动的体量，这个体量虽然没有表现出特定功能，但实际上却显示出许多功能——额外的非正式表演空间、展览空间和用于聚会和活动的区域。根据自然和人造光线，环境设施可以使不同类型的活动在这里进行。剧场公园也是一个可以举行艺术展示、会议、手工艺工作室、舞会，甚至是婚礼等许多不同活动的空间。

互动操作：建筑设计中空间经过精心的规划和组织，鼓励游客产生更多的活动自由度，并增加与使用者的互动性。作为一个社区建筑，应该让当地居民感到他们有权进入这个场所。像仙台媒体中心一样，伊东丰雄创造出一系列相互联系的空间，但考虑到在松本市的这个项目中一些空间要求具有封闭的功能，这项任务就变得更为复杂。通过在通常认为只是一种流通区域中创造出真正有价值的新类型公共伊东丰雄，松本市艺术表演中心，日本，松本市，2004年。

剖面图

三层建筑平面图

二层建筑平面图

首层建筑平面图

区域，这个问题才得以解决。剧场公园在这些空间中最为重要，它很容易联系出入的功能，例如入口、售票处以及餐厅和剧场。然而，屋顶花园在这点上也同样重要，它使视线可以进入排演房间，并且向后可看到城市及其周围环境。通向剧院和工作室后部的玻璃墙为参观者提供了独特的机会，使其可以与艺术家在正式演出活动以外进行互动。公众从街道上，主要是在饭店和屋顶花园中都清晰可见建筑的内部，它向路人表达出这是一个易于进入的建筑。建筑设计积极地鼓励人们进入，同时观看所发生的事件，然后以多种方式来使用它。

可移动的部件：建筑的剧场公园提供了一个包括各种可移动组件的层面，这些组件包括票务台、戏装保藏室、公共饮食业和分店摊位、桌椅、舞台和演出设备，它们可以进行设置以组织空间。这样就可以重新安排入口路线、确定私密区；并且还可以容纳展览、非正式演出以及特殊活动。

伊东丰雄所设计的这座松本市艺术表演中心建筑为其所服务的城市居民建立了文化认同，因而也具有永久性和持续性，并且，从开放那天起，它就允许甚至积极创造机会来适应不断变化的用途。它的设计尊重人们的意愿和需要，同时为这些人而建——既包括经营、使用建筑的专业人士，也包括观众、演员等利用这些场所的公众。它成功的潜在因素就在于它已经被设计成一种应对的工具，同时也具有自身显著特点的事实。建筑取得成就的措施和它用来表达其可适应性问题的方法，在未来的几年里，将在其功能历时发展的道路上继续前行。

1 John Habraken, *Supports: An Alternative to Mass Housing* (1961), new edition, Seattle, 1999.

2 此外，聚会还可能由于宗教原因而产生，但是因为其相关的仪式，它们（就像其他一些特殊活动）现在已经采取了一种更为固定的结构，与灵活使用的自由空间相对立。

3 "一座办公建筑的基本要求在原则上可能十分简单，但正是这种可适应性的需求才导致了项目的复杂性。持续的改变产生于组织内，因而要求对不同部门的大小进行经常性的调节，建筑必须能够容纳这些内部的力量，而建筑作为一个整体，在各个方面和任何时候都必须持续发生作用。" Arnulf Lüchinger (ed.), *Herman Hertzberger: Buildings and Projects*, The Hague, 1987, p.87.

4 参见Hugh Anderson, "Centraal Beheer Revisited" in *Architectural Review*, vol.196, no. 1174, December 1944, pp.72-78.

5 Barbara Cole and Ruth Rogers (eds.), *Richard Rogers Architects, Architectural Monographs*, London, 1985, p.91.

6 参见Robert Kronenburg, *Spirit of the Machine*, Chichester, 2001, p.39. 尽管建筑还保留着强有力的形象，但是主要出于安全性的考虑，最近一次大规模的整修已经损害了其原始概念中的一些想法。

7 这座建筑在世博会后即被拆除，并用船运回英国，由一个开发商购得，但从来没有以其公认的形态对它进行重新使用。

可适性建筑

我们是否有必要从根本上来重新审视当代建筑的特性？在一百年前，建筑师们至少部分是在建筑的设计中受国际化影响，从而应对不断产生的全球文化压力。即使今天，建筑的生产方式还是主要依赖于地方与区域因素。这本身并不是问题；事实上，这是非常正确的，因为在建造相关的可识别建筑时必须考虑到当地情况。然而，目前的全球化问题也较以前更加严重——国际经济、政治和生态因素塑造着世界运作的方式。从我们在超市中购买的最小物品到我们如何感知作为个体在社区、国家、世界中的位置，洲际贸易、大规模即时通讯以及全球媒体都无时无刻不在影响着每个人的生活。

琼斯与合伙人事务所，*PRO / Con*短期叠层平房住宅，美国，洛杉矶，2004年。

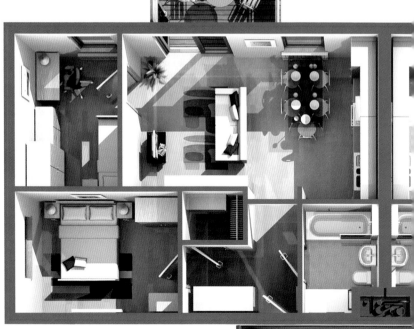

宜家和奥斯特伦·阿可特克比勒事务所（Ahiström Arkitektbyrä），明智住宅，瑞典，2000年。

　　虽然建筑生产仍然具有地方性，但其理念与市场却是国际化的。20世纪早期的现代主义者们认同"国际式风格"（International Style）以及勒·柯布西耶对住宅作为"一种居住机器"的描述，他们显然试图在建筑中寻找一种新的效能，这种建筑可以通过新鲜空气、室内管道和现代美学的混合来表达健康和快乐。他们认为这场革命虽然并没有受到他们所预想的世界风格式的影响，但它将要，并且在许多方面已经影响了所有建筑的建造方式。

　　当代建筑包含许多机械装置，它们既作为分散的物体，也作为建筑设施中的一部分。这一特点可能会在未来不断增强而不会减弱。然而，虽然新建筑在未来会使用更多、更复杂的技术特征，但使用建筑的方式在根本上却与机械的使用截然不同。尽管我们掌控了建筑的零部件和控制件，但我们却不能采用对CD播放机或洗碗机那样的方式来考虑建筑。住宅受到关护；我们对它进行清理、维护与装饰，同时作为回报，它也为我们提供心理和物质的需求。1960年，建筑史学家雷纳·班纳姆（Reyner Banham）为《建筑评论》写过一篇文章，他在其中说到："功能主义者们的口号——'住宅是居住的机器'并不具有创造性。因为它的提出是以住宅概念作为先决条件的"。[1] 班纳姆的质疑与许多实验性建筑师所试图提出的问题相类似（这些建筑师在接下来的20年，甚至更长时间中影响了建筑的进程）——但它在今天是

否还具有相关性？这个……是，同时也不是！之所以说是，因为如同海德格尔所认为，场所感并不只通过建造来确立，而是可以通过任何人类所能采用的方式来认知什么是场所。之所以说不是，因为建筑并不只是使我们身体舒服的某种东西，它同样也具有文化、美学和心理上的作用，并且，物质场所的建造（有时可能甚至会有点不太舒适）仍然是确立场所的一种良好方式。

技术进步已经提高了建筑设计的可行性。然而，人们还不太明确能够采用什么方式来最佳地利用技术进步，从而建造更好的建筑。作为建筑师兼理论家，阿道夫·路斯（Adolf Loos）说："除非是一种进步，否则任何东西的创造都没有意义"。[2] 通常，进步首先会出现在另一个领域，然后才会被设计师们应用到建筑中。建筑技术的进步的确使设计师可以采用更多的建筑形式，但也有其他因素会影响那些形式的产生，并且这些因素通常更为有效，例如，经济、社会、文化和美学问题。技术是驱动力，但它往往先推动社会的进步，然后才是建筑，作为社会的追随者，建筑往往紧随其后。

可适性建筑的需求为这种随动的作用提供了支撑，就像它对大部分人类历史已产生的作用。目前，之所以必须对我们的环境采用一种灵活办法，是因为以下广泛原因：以家庭为基础的24小时工作模式、不断变化的家庭规模和群体、质疑通勤需求的生态问题、设想更完满个人生活的生活方式问题，以及由于通信技术而出现的远程工作可能性。那么，怎样才能完全适应这种变动生活和工作模式建筑的特点？如今显而易见的是建筑、家具、家用电器、服装、交通工具以及消费品——所有现代生活所必需方面的相互依存。一方面，这只是时尚和营销——建筑确实不断被用来出售与生活方式相关的产品。但它同时与创造你自身作为个体的标识图有关，并且，如果那是通过购买时尚设计师的昂贵衣服，而你买得起的话，那么，那就是"你"！然而，它也可以是含较少商业价值、要终身获取的关于具有个体意义的东西——例如，查尔斯和雷·埃姆斯夫妇相当个性化的工艺美术品，购买这些物品花费很少。他们1948年建造的住宅就是由这种相同的感受力激发而成，同时，由于这座住宅受到国际层面的广泛报导，而且埃姆斯夫妇也亲自在电影和书籍中加以称颂，因此它已成为了一种风格象征。

像宜家（IKEA，瑞典）、无印良品（MUJI，日本）和爱必居（Habitat，英国）等"现代风格"的物品承办商，它们都是当代新时尚意识家庭的发起者，包含许多大规模生产、自我调整、具有潜在无限变化的标准化产品。宜家（旗下拥有爱必居）是世界上最大的家具零售商，它们的明智住宅（BoKlok，在瑞典语中意思是"智能生活"）住宅广泛针对那些购买他们家具的同一人群。该住宅已通过样

宜家和奥斯特伦·阿可特克比勒事务所，明智住宅，瑞典，2000年。

品的阶段，并提供给几千个瑞典家庭，还计划供应挪威、波兰和英国的市场。虽然经济限制了目前建筑项目的种类，但这些设计师的物品可以为房屋购买者们提供一种新的选择。然而，它们的建筑计划是否会像最大化利用能源住宅以及"未来住宅"的剩余部分那样，只是起到宣传吸引的作用呢？

这种理念关注于经济因素，而不是结构创新，在它销售和制造的方式中能发现新颖性。住宅采用标准化预制木结构，建造在4或5座建筑的小型组团中，尽管这种结构现场工作全部建造起来要接近4个月，但它在4天内就可以盖起来。目前，标准的斯堪的纳维亚门窗得到了采用，并且细部和涂饰表面也达到规定的标准。因为这是明确的安居住宅，所以建筑风格和内部布局相当普通，但购买确实还包括一张宜家家具优惠购货券，外加两小时与一位室内设计顾问的讨论！或许更为有用的是与一家好的金融组织（一个英国住房协会）进行合作，来提供低息贷款。因此，出售中的住宅都是人们能购买得起的当代设计：它对于许多购买者们来说是一种真正的选择，特别像宜家的产品，都是专门针对中低收入家庭的人们。然而，我们必须承认，在消费者们的个体自由上至少存在着某种风险，他们将对自身整体环境的全部控制都让给了单个大型商业企业。[3]

非居住建筑陷于风格意识的迷惑，而不注重其质量与适宜性，

卡斯·奥斯特霍斯，可变自动程序住宅，荷兰，2000年。

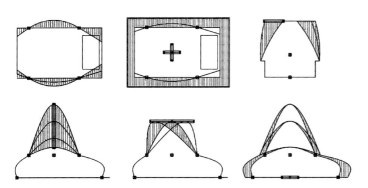

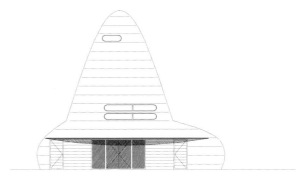

立面图

卡斯·奥斯特霍斯，可变自动程序住
宅，荷兰，2000年。
设计图表现出对形式、平面以及覆层的
不同选择。

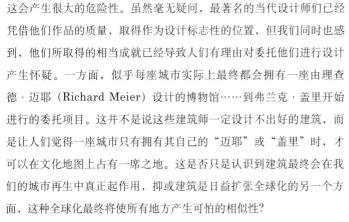

平面图

这会产生很大的危险性。虽然毫无疑问，最著名的当代设计师们已经
凭借他们作品的质量，取得作为设计标志性的位置，但我们同时也感
到，他们所取得的相当成就已经导致人们有理由对委托他们进行设计
产生怀疑。一方面，似乎每座城市实际上最终都会拥有一座由理查
德·迈耶（Richard Meier）设计的博物馆……到弗兰克·盖里开始
进行的委托项目。这并不是说这些建筑师一定设计不出好的建筑，而
是让人们觉得一座城市只有拥有其自己的"迈耶"或"盖里"时，才
可以在文化地图上占有一席之地。这是否只是认识到建筑最终会在我
们的城市再生中真正起作用，抑或建筑是日益扩张全球化的另一个方
面，这种全球化最终将使所有地方产生可怕的相似性？

　　但是，建筑设计有可能从其他"设计师"大量生产的产品中得
到某些启迪，诸如斯沃琪（Swatch）手表、苹果电脑（iMac），以
及保时捷汽车（Porsche）等。荷兰设计师卡斯·奥斯特霍斯（Kas
Oosterhuis）创造出一种利用因特网作为设计工具，批量生产住宅
的策略。这种策略使潜在购买者登陆并在一个叫做"可变自动程序住
宅"（Variomatic House）的可识别物上，创造自己对住宅的变更。
奥斯特霍斯坚持认为："可变自动程序住宅是向人们提供实际样式，
而不是兜售建筑的陈词滥调"。[4] 其原理在于你能够购买设计师的品
牌，但同时也可以定制你自己的产品，因此每座住宅（就像不同颜色/

轴测投影图

琼斯与合伙人事务所，PRO/Con短期叠层平房住宅，美国，洛杉矶，2004年。这座住宅供来自旧金山的软件开发人员使用，它采用一种利用其主建筑设施的"隐藏式"屋顶景观。住宅能够旋转360°，以完全适应方向的变化。

图案/规格的手表、电脑和汽车一样）都是"与众不同"的。

洛杉矶建筑师韦斯·琼斯（Wes Jones）则采取了一种不同的方法。他酷爱消费主义的标志，在其PRO/Con（PROgram/conTAINER）系统中，他不仅将它们用作装饰，而且也可以让它们告诉周围环境你正在签约采用何种产品。这种PRO/Con建筑体系使用与定制技术构件相结合的标准化物品，从而构成一种真实的建筑语汇基础，而不只是一种风格。其基本元件是大容量、低成本、高时效的ISO标准集装箱。这个基本元件与建造成相同模数的一个标准化专用面板系统相结合。除此之外，天才设计师们还创作出清晰有力的专门化细部以及丰富多彩的建筑图案册，它可以提供同时应对客户和基地要求的相当个性化的建筑。琼斯及其合伙人事务所已经在美国城乡上下设计出适合于基地的一大批建筑——这些建筑包括单层和多层、家庭住宅和公寓楼。这些房屋的灵活性不仅表现在它们能从系统取得变化，而且也表现在使用期间能进行随意的改变。这种理念以进行展示的工作部件以及这些增强建筑理解性和操控性的构件为基础。墙体、楼梯、地板不仅能够移动，而且也需要进行移动，因为这就是其建筑特征的一个重要部分。

那些类似琼斯设计的现代住宅被反复用作倡导汽车、时尚、餐饮等某种不同生活方式"要素"的理想场所。也许住宅本身所附加的时

琼斯与合伙人事务所，PRO/Con短期叠层平房住宅，美国，洛杉矶，2004年。

琼斯与合伙人事务所，PRO/Con短期叠
层平房住宅，美国，洛杉矶，2004年。

1. 轨道卷帘
2. 轨道卷帘导轨
3. 开闭式天窗
4. ISO集装箱
5. 填充钢框架
6. 玻璃移门
7. 光面丙烯酸木板床
8. 支架
9. 快速定向环形配件
10. 可重新装配式钢栅板
11. 天线阵

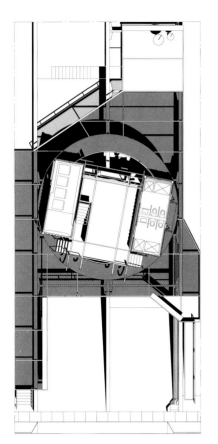

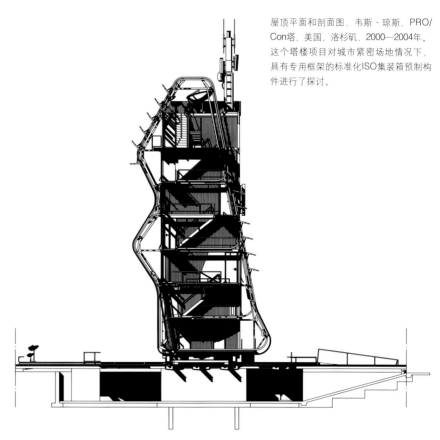

屋顶平面和剖面图，韦斯·琼斯，PRO/Con塔，美国，洛杉矶，2000—2004年。这个塔楼项目对城市紧密场地情况下，具有专用框架的标准化ISO集装箱预制构件进行了探讨。

韦斯·琼斯，PRO / Con模块，美国，洛杉矶，2000—2004年。
PRO / Con组合住宅系统经过设计，可以在高度变化性的时代提供经济而个性化的住宅，其中使用了通过直升机运送来的标准化ISO集装箱预制构件。

尚设计商标就因此成为必不可少的下一步。琼斯认识到，这种无可避免的联系已经导致无数不恰当的复古模仿复制品在几个世纪的住宅产权中流行和过时。琼斯设计的建筑是半工业化、动态和充满活力的。那些委托他建造当前一次性住宅项目的客户，毫无疑问已经购买了代表当代创新的"琼斯"商标。不幸的是，其他很多人也许会选择购买拉尔夫·劳伦（Ralph Lauren）或玛莎·斯图尔特（Martha Stewart）风格化的"住宅"集装箱，这些产品采用了其实从未存在的过去生活的怀旧翻版。

宜家、奥斯特霍斯和琼斯所采用的这种预制建筑方法可以为建造灵活多变且成本低廉的建筑提供实践机会。在住宅方面，除了为更多人提供购买得起的高质量居所这一明显原因外，还有许多理由可以解释这一方法的优越性。较低廉的住宅把更多资源让给生活空间，并满足其他体验，从而使经济更加流动而不是把资本都投入到不动产中。它们鼓励在购买中采用试验来作为一种较低的风险，并且，它们的可承受性使它们胜过更昂贵且创新较少的传统建筑，而成为购买者的首选。一种方案可以是廉价住宅经过几年的使用，当可能有另一座更新颖、更有效，而且可能更便宜的住宅出现时，它能够被循环再利用。这也许会导致住宅设计快速发展，因为设计者和制造商会竞相成为市场的主导。

街道视景和屋顶平面，琼斯与合伙人事务所，PRO / Con平房建筑，美国，加利福尼亚，2000—2005年。
这个郊区住宅置换计划中探讨了场地的垂直布局。

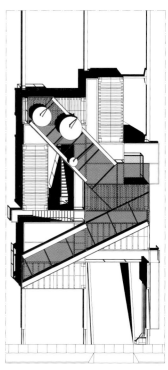

琼斯与合伙人事务所，市郊住宅，美
国，加利福尼亚，2000年。
这种概念对市郊住宅区的模式进行研
究，其密度为规范标准的两倍，但依然
提供了一个居民都可以从中受益，类似
公园的上层表面，居民从较低层进入，
这一层也有院落和水池，创造出凉爽的
微环境。

由居住者自己制造的处所，日本，京都，神奈川河。

在非住宅建筑方面，以"持久、灵活"原则进行设计的商业性生产建筑在行业的各个方面都已经表现得十分突出。商业出租空间的办公楼遍布于每个城市，而工业和农业建筑也分散于科技园到国家公园的其他各处。这些建筑大多数充其量只是平淡无奇，但也有一些建筑确实会对环境造成生态性破坏，甚至会在侵蚀区域特色上产生难以逆转的危害性。建筑的设计应该能进行良好调整，从而以独特方式适合每一位使用者的使用，而不是"一种尺寸适合所有人"的最低标准建筑。对于开放建筑来说，灵活性能够根据层级而变化——基础设施相对固定，建筑框架比较固定但也可以更换，建筑表层易于进行修改，而内部隔墙可以迅速重新定位。这样，我们所创造出的建筑既可以与所处位置相关联，而且在其使用中依然允许进行相当大的变化。

我们还可以采用一种更为激进的方式来设想真正可适性的建筑——建筑可被视作脱离于其所占用的土地，它应是一种装置而不是地产。这种建筑也许会要求所有者放弃建筑与地产以及土地所有权之间是密不可分的这种观念。首先，要从根本上改变我们最重大财政投资的基础——这也许听起来不太合理。但是，当加入定期置换成本，并考虑了地产市场的波动时，地产所有权也许并不见得是个一如继往的好投资。现在很多建筑住房都是租用的，而对于汽车，我们似乎可以毫无疑问地将它接受作为一种有时间限制的不定位财产，但它却是

里维特·古德曼，帐篷城，加拿大，多伦多，2002年。

第二大贵重的自有物品。因此，是否可以考虑对实际空余场地进行使用的这种想法？想想所有那些数百万英亩的路边、边缘地、市中心建筑空地、前工业用地以及屋顶，如果这些地方可以进入、配备设施，并且开放进行使用，那么长久但又可以移动的建筑就会变得切实可行。

事实上，许多这样的场所都在被人们使用，尽管所采用的是临时性和非正式的方式，这些方式通常不容易为社会的大部分人所注意。在一些情况下，那里居住着所谓的"无家可归"者，之所以说"所谓"，是因为他们显然确实有家，虽然对许多人而言，这似乎完全不足以称之为家庭。无家可归者手工建造的住所事实上是在当代不确定和变化的条件下，非专业性的适应性住宅建筑的实例。尽管它们缺少我们多数人所认为理应具有的基本便利性，但在环境允许时，这些建筑就能得到精心制作，为其居民创造出短暂却无价的生活场所。

无家可归者并非一无所有；他们通常拥有我们所依靠的同样的纪念品——衣服、书籍、收音机、照片。他们也拥有工具——袋子、毯子，甚至自行车来维持其生存。也许他们最重要的便携式物品就是打开他们储藏室或住所的钥匙——一把挂锁可以成为所有权和占有的有力象征。由纽约非营利组织"公共社区"（Common Ground Community）所创造的"初步住宅"（First Step Housing）是一项创新

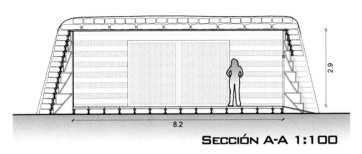

SECCIÓN A-A 1:100

剖面A-A 1:100

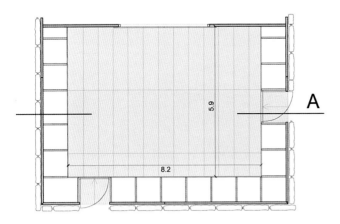

圣地亚哥·西鲁赫达,"城市处方".
西班牙,马拉加,2005年。
这些马拉加的艺术工作空间设计可由
学生们自己建造。

工程,它利用个人对住宅建筑产生的内在感受来提供一条远离街道、回归生活的途径。居住者可以用最为低廉的费用来承租住宅的基本建筑模块——一个位于已有建筑框架内部具有配套设施的简易空间,它具有适度的私密性和自主权,人们能根据自己的要求对它进行改造和变化。这个项目再次向居住者阐明成为社区一部分的理念,并使他们有一个可识别的住址来获得享有福利和取得工作的机会。

当利用土地来缓解权利受剥夺人们的问题时,还需要克服一个巨大的惯性。2002年,当多伦多里维特·古德曼(Levitt Goodman)建筑师事务受邀对一块被称作"帐篷城"(Tent City)的城市区域如何改善进行研究时,就针对"无家可归者"占用闲置土地的问题,产生由市政府支持的应对办法。"帐篷城"建立在多伦多东南部废弃工业区的一块棕色土地上。这块土地由175位居民组成的中心社区占有,在夏季的几个月间这个数字还会显著增加。居民们用废材建造起自己的临时代用住宅,但土地污染和活水的缺乏造成生活条件十分恶劣。2001年,无家可归问题已经变得充满政治色彩,从而迫使当局采取行动。提案内容为建造一批可循环利用的临时建筑,以及最多保持3年的基础设施——这个时间限制由城市所规定,同时也会帮无家可归者寻找选择性的永久性住房。正当解决方案似乎已经成功在望时,市政府却恐慌起来,且加之开发进程中所存在的诸多障碍,最终导致这一提

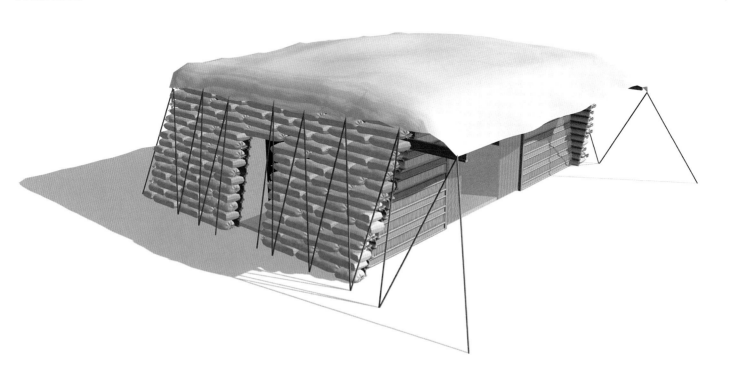

案的无果而终。"帐篷城"被推土机铲平,场地周围竖起围墙,同时居民们也被提供了城市机构中的住处或遣返回街道。[5]

　　城市空间的利用由法规所控制,这些法规的制定是为了保护城市和其居民,同时也是为了限制违规的发展和相互作用。设计师兼艺术家圣地亚哥·西鲁赫达(Santiago Cirugeda)则提出了推翻官方立法和控制,以增强城市非正式性发展的策略,这种发展从临时性到短期以及永久。其策略之一"城市避难所"(Urban Refuge)就是使用临时许可证来建造更多的永久装置,例如,获准建立脚手架来进行修理和维护,然后将新结构作为建筑的一个附加部分。另一种被称作"城市保留区"(Urban Reserves)。这种策略利用准许放置建筑垃圾桶的许可来建造运动场、阅览室、信息栏、展览空间或表演场地等公共设施。构筑物表面看起来是容器,但又可以根据要求变换成新的用途。他建议由"城市避难所"的建造者自己来制造新结构,以使它看上去像一座商业建筑,但也避免了与任何特定的雇佣公司产生混淆。圣地亚哥·西鲁赫达最复杂的项目是临时性生活与工作场所,它建立在一块多余的土地上,并通过签订一个邻居的水电供应合同才使这个项目能够得以实现。这些建筑虽然不合法,但同时也非严格意义上的违法。其目的并不在于占有土地,而只是对它进行暂时性的使用,否则土地就会被闲置。

圣地亚哥·西鲁赫达,"城市处方",西班牙,巴塞罗那,2005年。
这一设计适合在巴塞罗那空地上建起的小型住宅。

圣地亚哥·西鲁赫达,城市避难所,"城市处方",西班牙,塞维利亚,1998年。
建造在脚手架上的住宅延伸部分。

圣地亚哥·西鲁赫达，"城市处方"，西班牙，马德里，2003-2004年。
在马德里一块空地上施工中的"城市处方"项目——结构使用了通常用作临时稳定立面和挡土墙的标准构件。用于浇筑混凝土排水沟的塑料模具被用来制造立面。

圣地亚哥·西鲁赫达，"城市处方"，西班牙，塞维利亚，2004-2005年。
该项目在西班牙卡塞特利翁的现代艺术中心建造了公共工作站的原型。

西雅图的船屋，美国。

除了这些对于土地和建筑或多或少固定的非正式使用，还存在那些习惯性地以流动状态存在的功能。在住宅方面当属流动旅行者，即那些选择公路生活方式，不断变换车辆和拖车的人们。家对于他们而言只是某个根据需求插入设备的地方。此外还存在其他更能为社会所接受的迁移生活。船是一种信息交通工具，但船屋则是一种具有浪漫旅游内涵的生活方式，可以创造出一种具有真正移动优越性的住所形象。许多临水城市都拥有沿水停泊的居民，他们不依赖房产，而是租用一块场地用以停靠和连接设备。尽管船屋具有传统的历史背景，但是现代实例在设计和建造中却可能与类似的永久住宅一样复杂。

太平洋西北部城市西雅图的湖泊和荷兰的运河都拥有完整的船屋社区，这些社区的街道就是垫路踏板或拉船道。新邻居来到时不仅带着他们的财产，同时也带来了住房。在最近由梅西蒂尔德·史塔马赫（Mechthild Stuhlmacher）和里恩·科特柯尼（Rien Korteknie）设计的"寄生"（为高级预制水陆两用的小规模个人临时生态住宅所作样品）建筑项目中，设计师对城市生活问题作出大量迥然不同的回应。有趣的结果是这并没有限制设计的范围，没有永久性基地进行建造的机会实际上正是提出创新而务实方案的一种推动力。[6]艾瑟尔堡地区在建的新型移动社区于2000年动工，预计将在2012年竣工。这是阿姆斯特丹在靠近市中心的人工岛基础上新开垦的城市社区——是一个由官方发起、寻求城市住宅不同类型模式的罕见实例，此住宅模式将包括20座"寄生"住宅。

移动建筑还可以以这种临时的方式用于其他用途，特别是其中那些位置远离主管当局或是使用期特别短的用途。海上结构——例如石油钻塔、鱼品加工厂船只、实验室，甚至移动机场——都经常被使用在行业中。这些结构的建造当然符合海事标准，因此它们必须遵守其原来国家的法规。它们尽管能够停置于任何地理位置，但是与相类似的以陆地为基础的操作相比较，它们的操作则具有明显的非正式性。在相似的情况下，当长途旅客行程从海路转至航空，客船也从交通的种种方式转变为海上假日综合体时，这种综合体由于可以避开税收和法规限制，以更经济的方式来运作，因此比以陆地为基础的旅馆更具有经济性。

在陆地上，为短时活动而设立的移动商店和市场是最普遍的商业土地利用形式。尽管这些群体的活动能够发展为涉及上千人的广泛性活动，但是它们通常都不会包含实体建筑组成部分。最为盛大的临时聚会也许与娱乐相关，尽管与20世纪60年代刚开始的时候相比，现在的音乐会和节日更多地表现为一种商业活动，但在某些情况下，它们依然产生于一种半正式的基础上，这往往与官方的期望相背离，而不是像他们希望的那样。

北海石油钻塔，苏格兰，克罗默蒂。

荞麦屋，日本，大阪。该棚屋位于立交桥下一个繁忙的十字路口，其功能是作为一个2～3人的私密餐馆。它使用轻质的自然竹屏创造出一个防护性空间，同时也为建筑所包含的活动性质进行广告宣传。

建在柏林波茨坦广场资讯站下的临时咖啡馆。传统建筑形态以及景观设施被用来建立一个防护空间。

目前，生活方式的改变正成为一种常态，而不再是例外。家庭与工作更多地成为一系列的活动，而不是一个特定的地理位置。人们不仅对如何居住，同时也对在哪里居住提出了更多的选择。对于公共建筑的功能性需求也变得更为复杂多样。因此，不同的生活和工作方式要求建筑出于生态、经济，以及社会和文化的原因而必须具有可适应性。建筑必须更好地符合其使用者的要求，需要更容易和更经济地进行操作，而在必须进行改变时，则应避免由于难以拆除和重建所带来的浪费。

现在，可以将当代设计师的角色理解为建筑使用者的服务商，其职责是帮助使用者创建他们自己能够随意改变的场所，而不是为人们的生活建立一种固定的环境。建筑并不是业主品位和愿望的固定标志，而是成为一种表现内在生活工作含义以及其未来可能性的指标，尽管建筑并不仅仅如此。建筑仍然为人类存在的剧场提供背景，但现在这些背景如果需要，可能会和居住者的情绪一样具有变化性，或成为生活工作变化模式中一种可选的固定元素。一些变化可能会即刻发生，例如，开关电灯取决于一天中的时间、读书时的情绪，或者举行的会议。其他的变化则可能会在几个月、几年甚至数十年中发生，这取决于建筑使用者们不断变化的性质和活动。

即使是在传统建筑中，也存在着许多经过设计可以进行移动的实体元素，例如门、窗与采光天窗；雨篷与百叶窗；储藏柜、壁橱门和抽屉。我们已经习惯于建筑中的这些可移动元素，因而不需要太过极端，就能（像许多设计师那样）设想预测这些元素的移动，以便门窗可以变成开合的墙体；天窗和雨篷可以变成开合的屋顶；而橱柜也可以变成移动的房间。除了这些实体操作的移动元素，还存在着机械或电子元素，它们同时也已成为现代建筑的有机组成部分，现代建筑具有可调节和可移动的特征：加热、冷却与照明设施；安全、防卫与清洁设备；通信与休闲设备；运送人、货物或设备的电梯。如果它们更具有运动性，我们也能够推断这些元素会如何进行工作：一个便携式的环境单元能够在需要的时候在不同的空间中移动，它所配备的设备、家具以及装置可以在不需要的时候贮藏起来，而不是需要一间它们专用的永久性房间；清洁设备可以在需要的地方自动运作；个人通讯与娱乐可以避免家庭内外的重复；而且，为什么就不能有一个整体的房间用于升降体验以及实际功能，来代替不使用时就没有用的单一用途电梯呢？

可适应性的建筑应该能给其使用者不断提供机会——一种充满选择与挑战、提升生活行为与过程的环境。它必须应对个体需要，并增强家庭环境，使共享空间的兼容性和连续性更容易取得，也更有价值。对工商业来说，它应该是一种易于适应不断变化经济条件的可持

续环境。对娱乐活动来说，它应该为观众和演员提供各种各样不断变换的演出。对于灾害救助，它应该是一种应对支持策略，能使当地人民直面他们自身的需求。

灵活性建筑需要在设计时将现实需求与适应未来不断变化条件的可能性相结合。它并非预测设计（除非预测将与现实有所不同），因为预测可能而且通常是错误的。它是关于使最了解自己情况的未来使用者和设计者们在需要时能够游刃有余地作出适当的决定。这种建筑所采用的空间和构件形式易于操控，并且可以以日常为基础进行改变，或者当环境在长期发展中，具有以最小的破坏和代价进行根本变化的能力。这并不意味着建筑师现在就需要关注于设计无特性的灵活而不具有专门用途的环境。相反，其目标应该是创造能应对变化，具有综合、精细设计系统的建筑。这种建筑要比以往对设计师们的技术要求都更高，它并非创造一个交付时十全十美的产品（但在未来注定要受损害），而是能利用别家之长为建筑运作所用（使用者最为重要）。尽管要理解可适性建筑还需要个体的勇气与执着，但可适性建筑并不是自大或专制的，因为它考虑到别人在建筑建造与使用方式上也具有话语权的事实——可适性建筑是民主的。

时间与事件是塑造人们如何更好地认知建筑以及建筑如何更好地履行功能的深层因素。尽管建筑是表现人类创造力的一个永久的方

彼得·布鲁因（Peter Brewin）与威廉·克劳福德（William Crawford），混凝土帆布庇护所（Concrete Canvas），英国，伦敦，2005年。
这种紧急救援结构由一个水泥浸渍布包构成。建起庇护所只需将包浸泡在水中，并对包充气来提供临时的模壳。几小时后壳层结构就可以使用。

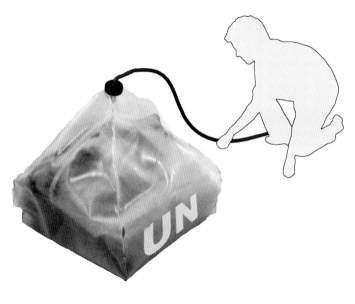

面，但是这种因素并不应该导致其设计上的限制性模式。正如皮尔鲁吉·尼科林（Pierluigi Nicolin）所作的评论："在建筑中，时间的概念不可避免会让人回想到通常属于纪念物的持续性作用。因为对于不朽状态的渴望，建筑（不管任何事物）不断在寻求着……一种永恒维度的理想完美境界。结果，在我看来，建筑师们最终失去了在建筑中创造性地加入事件的时间维度机会。"[7] 将可适应性融入我们所创造建筑中的可能性，不仅为现在，而且也为未来真正展现了机会，它使建筑建造得更好，同时也通过为建筑提供一种随时间发展的更有意义的场景，来与事件相结合。

1 Reyner Banham，"1960-Stocktaking"in *Architectural Review*, February 1960, vol. 127, p.94. 班纳姆在其文章"A Home is not a House"中进一步对这些思想加以发展，该文发表于Charles Jencks and George Baird（eds.），*Meaning in Architecture*, New York, 1969, pp. 109-118.

2 Gevark Hartoonian, *Ontology of Construction: On Nihilism of Technology in Themes of Modern Architecture*, Cambridge, Mass., 1994, p.xiii.

3 参见Nicolas Pope, *Experimental Houses*, London, 2000, pp. 72-75.

4 Kas Oosterhuis and Ilona Lénard，"Oosterhuis. nl"in *Archilab 2001*, Orléans, 2001, p. 182.

5 参见Dean Goodman，"Mobile Architecture and Pre-manufactured Buildings: Two Case Studies"in Robert Kronenburg and Filiz Klassen（eds.），*Transportable Environments III*, London and New York, 2005.

6 参见Mechthild Stuhlmacher and Rien Kortehnie（eds.），*The City of Small Things*. Rotterdam, 2001.

7 参见Luca Ranconi，"The Map of Action: A Conversation"in *Lotus International: Temporary*, no.122, November 2004.

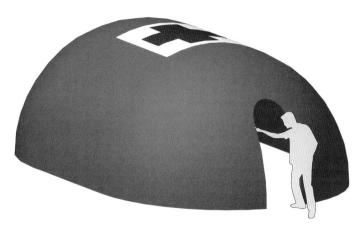

第 II 部分

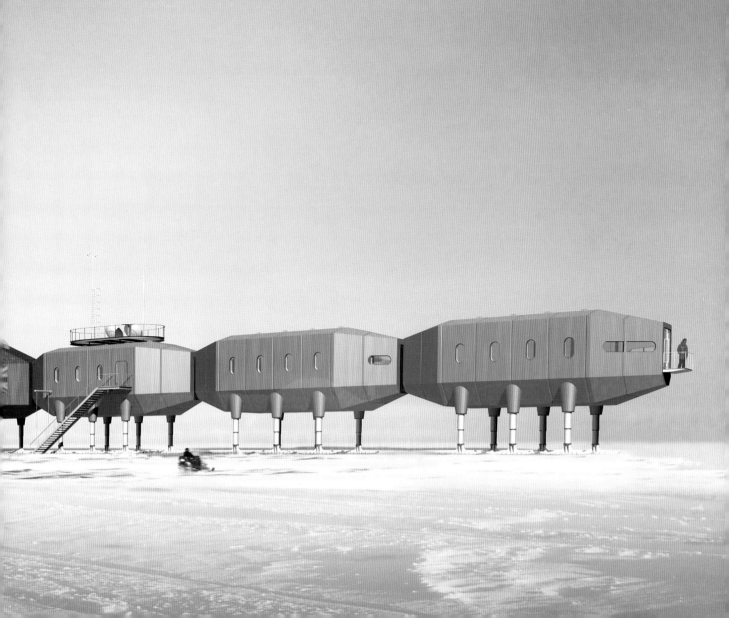

适 应

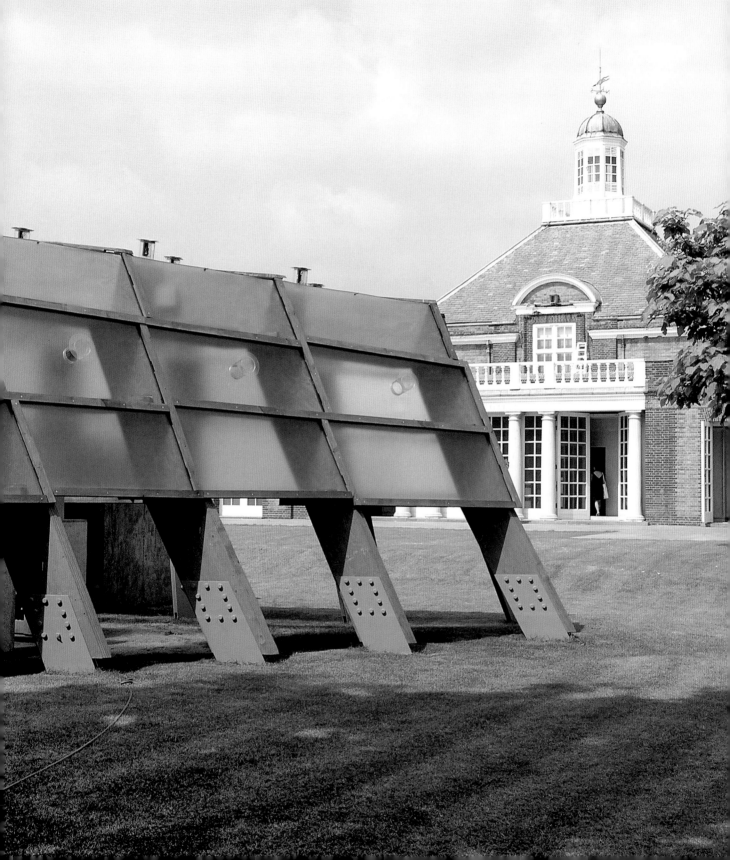

为适应性而设计的建筑认识到未来是无限的，变化也不可避免，但框架是使变化得以产生的一个重要元素。可适性建筑旨在对于不同功能、使用模式以及特定使用者的需求迅速做出反应，这在商业开发商的办公或零售业房屋项目中最容易见到。这些建筑建造了灵活的空间，这种空间能够在主框架接近完工时，根据不同设计者和承包商的要求进行配置。这种适应性对于投资者来说也意味着更为长久、更为可靠的利润，因为在固定的建筑结构内能够很容易地容纳未来的变化。

阿尔巴多·西萨(Álvaro Siza)、艾德瓦尔多·苏托·德·莫拉(Eduardo Souto de Moura)及塞西尔·巴尔蒙德(Cecil Balmond)，蛇形展馆(Serpentine Pavilion)，英国，伦敦，2005年。

然而，可适性建筑并非仅仅局限于这种明显的商业反应。在可适性设计策略的应用中，建筑的交付过程并非总是由单个人或单独团队来承担缔造固定物体，而是一种在一系列参与者之间进行的合作过程。它同时也为这些不同参与者在建筑历史的不同时期建立起与设计过程进行互动的能力，从而使变化成为一种不断发展的连续过程。重大建筑无疑可以源于一种单个人设想，这种设想贯穿于城市视野到室内家具和配件的每个设计方面。完整的艺术作品是建筑成果的一个重要部分。但随着时间的推移和环境的变化，重大建筑依然需要保有关联性和实用性，因此，那些在创造过程中满足当前需求的不同参与者也应该参与进来并做出贡献。

　　可适性建筑同时也应易于引入新技术，以改善那些建筑中的最初装置。在产生技术变化时，对建筑进行彻底重建既无效也不理想。设施、通讯以及安全需求上的变化不可避免，而且也应该循序渐进地产生，以便先前的系统能与新系统相衔接。为这些系统预留活动的管道，不仅考虑到置换和更新的问题，同时也顾及了规划布局以及功能空间的变化。

　　也许可适性建筑最重要的特性就在于它可以使建筑用户影响设计决策。因为不管是在建筑建造初始，还是未来发生变化之时，建筑平面针对不同的布局都具有更多的性能，客户、用户以及居住者都能够与其需求更为紧密地相连，因为框架设计师没有设置很多限制条件，不仅他们能够选择自己的设计师来创造其需要的空间，而且设计师也具有更大的自由度来创造空间。

　　可适性建筑设计最有效的策略就是开放建筑原则，从城市尺度上的城市设计到个人室内空间装修，这种原则都显示出不同层级的介入。每一层级的设计工作都应与下一层级相关联，但由此产生的介入不应太过固定，以免在发生变化时限制灵活性。

　　在由开发商主持的零售项目案例中，开发商以及其设计和施工团队进行建筑基础层面的工作，而商店业主以及其设计和施工团队则从事装配层面的工作。这种不同层面的介入创造出灵活性的内置架构，其可识别性界面使变化会对上部层级具有最小的破坏性。

　　虽然已有许多建筑采用开放建筑原则进行建造，但其中最为复杂的也许当数瑞士伯尔尼英塞尔大学医院（Insel University Hospital）的INO增建项目。员工、空间、设备以及运作要求等方面的不断变化阻碍了为新设施来确定功能内容，在历经数年尝试之后所采纳的一个新规划过程优先考虑的是适应性而不是功能。INO项目由此被分为三层系统，每一层系统都根据其运作寿命周期而定：主系统——可到100年；次级系统——可到20年；三级系统——可到10年。在经过有限竞争之后，为三个层级的每一个都选出相应的设

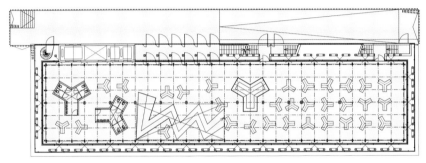

阿姆斯特丹艺术中心 （Amsterdam Arts Metropole）

韦尔·阿雷特斯（Weil Arets），荷兰，2005年。

这座20世纪70年代的6层办公大楼经过转换，成为一个当代艺术的汇集点，任何类型的装置和表演都可能会出现在那里。为了获得极大的灵活性，内部空间完全没有支撑立柱。一个外围的钢格结构使这种目标变为可能，该结构的双层表皮容纳了所有设施和通道。根据观看角度的不同，立面外观可以从朦胧的屏板变换为透明的窗户。

演讲层平面图

入口层平面图

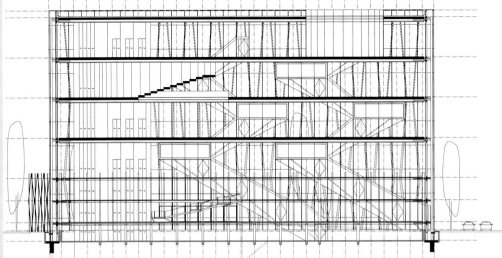

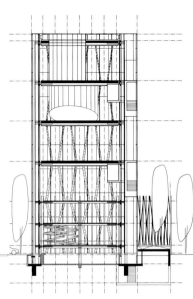

剖面图

计师与主管团队，他们与伯尔尼的苏特及合伙人建筑师事务所（"0
队"）一起合作，后者被指定作为合作协调以及主管。由彼得·卡姆
与孔迪格建筑师事务所（Peter Kamm and Kundig Architects）设计
的主系统（或者可称为"基础建筑"）位于配备有垂直交通以及设施
点的8.4米（27.6英尺）网格上，在一个3.6米（11.8英尺）"穿通"区
域的每一跨上都有这些垂直交通以及设施点。次系统的设计以现有医
院的用途作为基础，但使用了许多不同的可行性计划设想，使建筑物
无论通过整修房间、改变设备和系统，或是变换隔墙以及表面，都能
在未来以许多不同的方式加以利用。适当高度的设施层能使过时的机
械和设备得到快速更替，从而为三级系统取得最优化的性能和多功能
的空间。项目在2006年投入使用，并成为美国印第安那州波尔州立大
学（Ball State University）建筑未来学院（Building Futures Insti-
tute）的长期研究课题。

可适性建筑所采用的最简单的策略首先是提供多用途的空间——
能容纳广泛功能的房间与场所。建筑具备恰好能满足这样要求的房
间：成为学校教室的会议室；能支持不同种表演和观众组合的黑盒剧
场；以及成为婚礼、展览和表演场地的酒店会议套房。但是，如果要
使多用途的房间在其不同功能上都能够有效地起作用，那么就会成为
复杂的设计问题。空气质量、运动与温度；照明、熄灯与投影；饮食

苏特及合伙人建筑师事务所（Suter+Partner
Architekten），INO医院增建项目，瑞士，
伯尔尼，2001年。

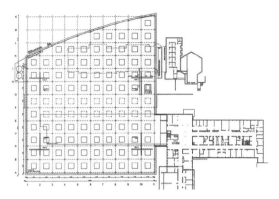

初始网格平面图

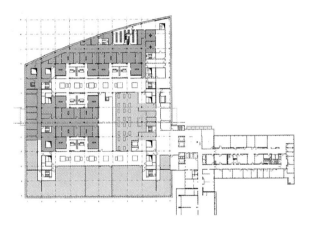

组团布置图

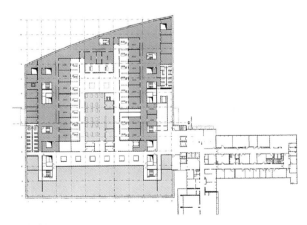

线性布置图

供应；逃生与安全手段——这些都是在复杂设施系统中要求进行大量投资的关键因素。这通常会导致多功能空间成为丧失建筑特色或个性的乏味的围合体。

然而情况也并非总是如此。自2000年以来，英国伦敦肯辛顿花园（Kensington Gardens）内的蛇形游廊（Serpentine Gallery）每年夏季都会委任一名国际知名建筑师设计坐落于其草坪上的临时展馆——这些建筑师包括扎哈·哈迪德（Zaha Hadid，2000年）、丹尼尔·李伯斯金（Daniel Libeskind）和奥雅纳（2001年）、伊东丰雄和奥雅纳（2002年）、奥斯卡·尼迈耶（2003年）、MVRDV建筑设计事务所（2004年）。这座建筑具有多用途的功能，白天是咖啡店，而夜晚则用于讲座、会议以及娱乐。该任务要求和场地保持不变，而每个方案对于场地如何使用以及建筑形态的处理则完全不同。虽然每座建筑之后都能作为一个更永久的构筑物进行易址后再利用，但这是一座临时展馆的事实却为设计师们表现其灵活的功能提供了更多的自由度，并对实验性设计思考相关的外部元素做出回应。

2005年的蛇形展馆由阿尔巴多·西萨、艾德瓦尔多·苏托·德·莫拉及奥雅纳工程师塞希尔·巴尔蒙德合作而成。建筑由一个扭曲的长方形木格栅构成，它形成弯曲的穹顶，四面由倾斜的网格墙体支撑。尽管主要木构件都是直的，但它给人的第一印象却是一个

艺术仓库
(Schou Lager)

赫尔佐格和德梅隆，瑞士，巴塞尔，2004年。

艺术仓库基本属于一种新型的建筑类型：部分为画廊，部分为仓库，部分是教育设施。其名称的意思是"展示仓库"，在那里，艺术品被贮藏在展厅中，既可以保存，也可以被人们观赏。建筑包括一个观众厅、咖啡馆、书店以及一个展示区域。在此之上是独立的陈列／贮藏室所组成的11 500平方米（123 800平方英尺）的三层灵活空间。

伏在地面上的弯曲的张力结构。白天，半透明的聚碳酸酯板提供了柔和的过滤光线。入夜，每块板中心的太阳能灯则营造出一种十分不同的氛围。建筑周边的构件是开敞的，但一旦进入其内部，它给人的感觉却十分像一个包容性的空间。由西萨所设计的活动、轻盈、可移动式家具则更为短暂而可变的空间感添彩。

由FOA建筑师事务所（Foreign Office Arhictects）的费·穆萨维（Farshid Moussavi）以及埃·扎埃拉·波罗（Alejandro Zaera Polo）所设计的横滨客运候船大楼（Yokohama Ferry Terminal）是一个十分不同的多用途项目，它具有超大的尺度和与众不同的项目内容。这座候船楼是1994年竞赛获奖的成果，于2002年竣工。横滨是邻近东京的一座城市，同时也是东京乃至日本最重要的入港口。候船楼的主要功能是作为码头，为旅客乘船提供直接的进出口；同时，建筑师们以一种直观但颇具独创性的方式诠释其多元功能。钢框架的建筑向外悬挑进海湾，并包括一个有人车分离的多层结构。顶层甲板是一个引人注目的移动式地平面，这个木覆层的码头波状起伏，创造出成为山下城市公园（Yamashita Park）乃至城市本身延伸部分的人造景观。甲方通过引入"庭港"（Ni-wa-minato）的理念——即在公园与港口，同时也在横滨市民与外来游客之间的一种"中介"，来促成这种策略。因此，建筑也更成为当地人民的一种资源，将码头用作休

阿尔巴多·西萨、艾德瓦尔多·苏托·德·莫拉及塞西尔·巴尔蒙德，蛇形展馆，英国，伦敦，2005年。

FOA建筑师事务所，横滨客运候船大楼，日本，2002年。

闲与健身，而内部空间则作为城市设施。

候船楼的室内各层成褶状，以引导行人与车辆交通进入上船的路线。由于船只的巨大容量、交会时间表，以及不同的国内、国际目的地，因而流线十分复杂。FOA建筑事务所将这描述为一个规划"战场"，但他们通过创造大型的开放空间解决了这种对于灵活性的需要，这个空间能够采用活动可拆式的分界和观测点来进行重新限定，以便在区域之间重塑界限。他们还希望弱化出站点所产生的特有通道感，从而使旅客更易于在城市—公园—客运之间进行过渡。建筑师们认为横滨客运候船大楼是针对我们时代所特有的关于置换感问题的功能性应对，通过将地面的可移动生活环境处理为一种变化的整体，从而使这个问题变得具有象征性。他们采用了与以往设计十分不同的地平面，将其作为一种联系手段，不仅将城市与海洋物质性地连接在一起，同时也将其居民吸引至两者相接的限定边缘。

可适性空间所受到的有力批评在于它不能为其必须支持的功能提供紧密的配合。它是一种必须能够容纳其他用途的方案，而这些用途之间也可能需要相互妥协。解决这个问题的策略就是波动空间的理念。这种设计方法在本质上是在建筑中结合专门的功能性空间，既可满足该空间的特定功能，同时也直接与更为模糊的区域——即一种其中能发生许多事情的缓冲区域相关联。这使得专用空间能够提供相应

FOA建筑师事务所，横滨客运候船大
楼，日本，2002年。

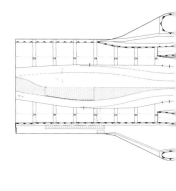

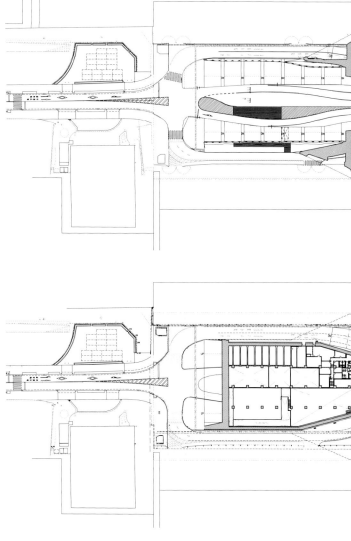

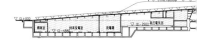

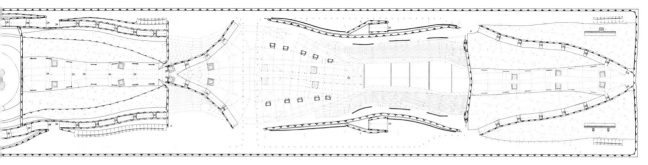

三层平面图

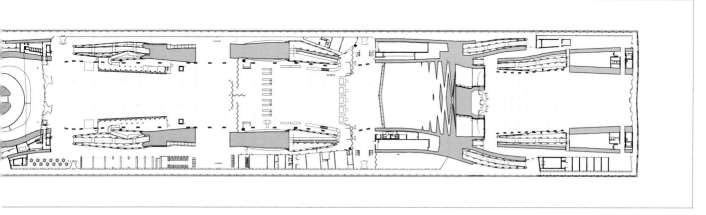

二层平面图

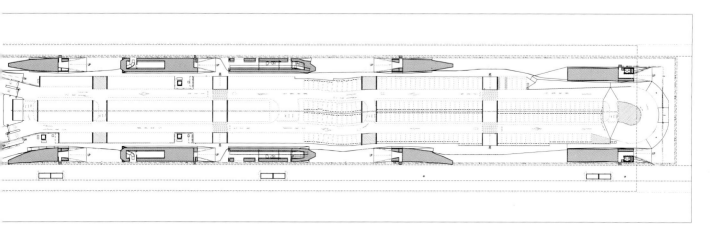

首层平面图

纵向剖面图

FOA建筑师事务所，横滨客运候船大楼，日本，2002年。

的服务、装饰和布置，同时也可以根据需要从中发展出未经计划的临时性活动。舞台台口为弓形的传统剧场可能就是一个代表性的例子，其观众席不同层高的层列式座椅直接面向舞台。此外还有两个独立的缓冲区——后台区和门厅。后台区通常十分宽大，可适应各种不同类型的演出，也可以进行舞台布景、乐师的幕后演奏，以及演出中过场的进出口。这个区域通常在观众厅上方伸出很高，用于悬挂布景，同时具有直接对外的出入口可以传送布景和道具。门厅留出空间使全体观众可以迅速离开，同时布置有售票处、纪念品销售、酒吧间甚至餐馆的空间。许多剧院还在剧场公共区提供非正式表演或展览。

雷姆·库哈斯（Rem Koolhaas）与大都会建筑事务所（Office for Metropolitan Architecture）在其2004年竣工的美国西雅图公共图书馆（Seattle Public Library）设计中就应用了这种波动空间的概念。库哈斯认为，与以图书为基础资源的传统作用相比，作为一种建筑类型的图书馆已经日益加入许多它们目前必须承担的任务。由于其应对不同媒介的信息贮藏的需求，最终形成了没有特征的开放平面楼层，这些楼层可以满足灵活的变化要求，同时可通向书架和计算机终端所在的空间。西雅图公共图书馆所采用的方法是创造出一系列的空间隔间，其中每一个隔间都专门用于一种特定的功能。每个隔间在内部都将具有特定的灵活性来应对其自身特定的需求，但它同时也不必

　　具有一系列不同特色楼层的建筑概念由此产生，其中每个楼层都
经过周密的设计，以满足其自身的功能。楼层之间的空间成为能够进
行多种工作、休闲以及娱乐功能的界面，不同活动之间可相互影响。
混合厅在来访者体验建筑的一开始就强调了这种交互性。这是一个图
书管理员和使用者进行最大程度接触的区域，这里可使用图书馆中的
所有信息资源。"螺旋书架"的设计解决了对不断增加的图书馆累积
信息量的适应性。这一"螺旋书架"连续贯穿4层，容纳了图书馆所有
的非小说类书籍。其目的在于使藏书能够逐步增加（而不是当超出规
定空间时，要打破其连贯性重新叠摞）。

　　仅仅建造作为城市不断变化状况的一种标志物和城市再生物质符
号的需求，已经催生出许多的新建筑。建筑类型时常是博物馆或者展
览空间——这种功能证明对本地居民、潜在新游客和城市未来的投资
商都具有价值。21世纪初，英国曼彻斯特投资了三个新博物馆项目，
其中包括由丹尼尔·李伯斯金和迈克尔·霍普金斯（Michael Hop-
kins）所设计的作品。其第三个项目是1998年所举行的一次国际竞赛
的结果，本地设计师伊恩·辛普森（Ian Simpson）胜出。对于现代
城市博物馆——雅邦（Urbis）的最初提议十分普通，因为建筑确切的
功能还未确定。实际上，直到2002年竣工之前的那年才指定了一家经

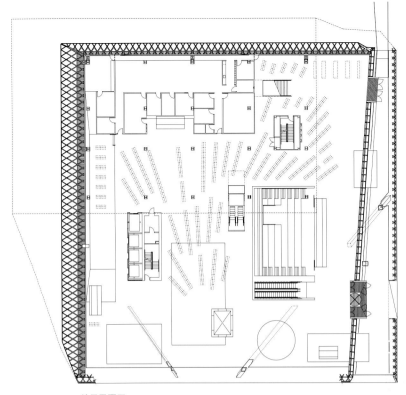

首层平面图

雷姆·库哈斯／大都会建筑事务所，西雅图公共图书馆，美国，2004年。

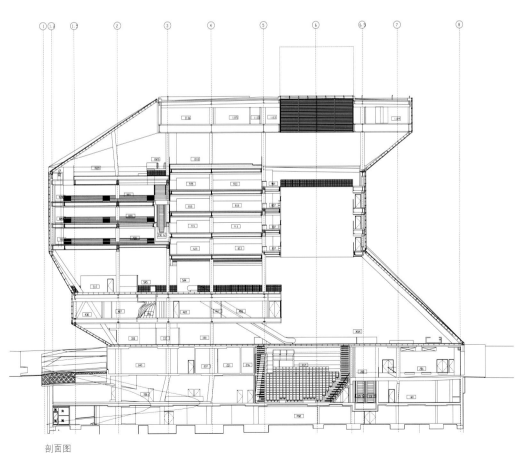

剖面图

伊恩·辛普森，雅邦，英国，曼彻斯特，2000—2002年。

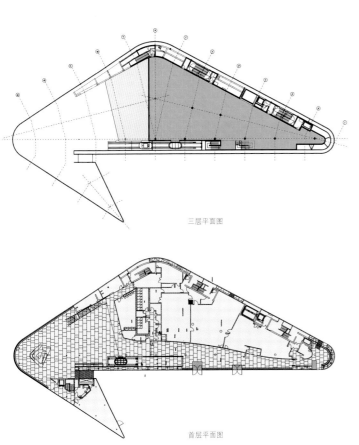

三层平面图

首层平面图

营公司。

　　建筑被设计为一个城市"固定器"，它将在先前所忽略的城市区域中重新限定公共空间和激发新的投资，同时还可以提供一个可变物质的公共展示点。辛普森创造出一个不同寻常的标志性结构——发光的玻璃楔状物，它置于一个具有弯曲突出前端的高品质城市花园中，这个向前突出的前端与城市中心19世纪的石材立面曲线相呼应。虽然高6层，但是空间大部分还是连续性的，并配备有一个索状电梯，它不仅能够载着你到达建筑顶层欣赏城市精彩的景色，同时也可以使你预览每一层装置的自然形态。不幸的是，最初的展览令人十分失望。显示全世界城市状况特色的公开互动展示大体上既简单也令人混淆，而且也明显没有考虑到容纳该展览的豪华的室内空间品质。然而，空间的设计可以适应变化——简洁的三角形开敞楼板，一边为设备间和逃生楼梯，另一边是缆索和面向城市的视景，而第三面边则是建筑自身的开放空间，其大面积天窗提供了屋顶外的视野。

　　为了能够运转，这些可适性设计策略——分层设计、多用途空间以及波动空间——需要使用适当的结构和操作系统。这些系统能够依照功能的复杂性和性质而显著不同，但有两个主要区域会对建筑的适应性具有重要的影响，即预制模块化结构系统和可适性设施。

　　尤其在住宅和建筑设计的一些其他领域，预制化都被视为取得更

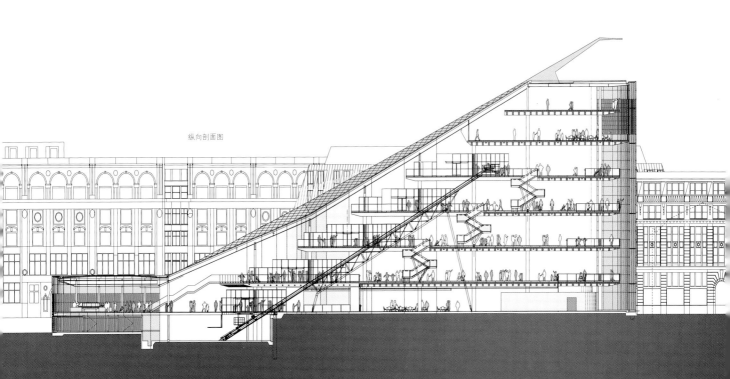

纵向剖面图

巴恩手术室（Barn Operating Theatre）

奈廷格尔联合事务所（Nightingale Associates），英国，利物浦，2005年。

这间位于利物浦博杰（Broadgreen）医院的手术室在一间大房间中同时具有四个外科小组，他们共享准备和清洁设施。这为手术操作提供了更大的灵活性，同时也为教学提供了更好的机会，还可得到相邻区域的专家建议。手术室墙面采用可移动的模块化不锈钢板，以便在设备陈旧之时进行置换。每张桌子上方的压缩空气系统可以避免交叉感染的可能性。

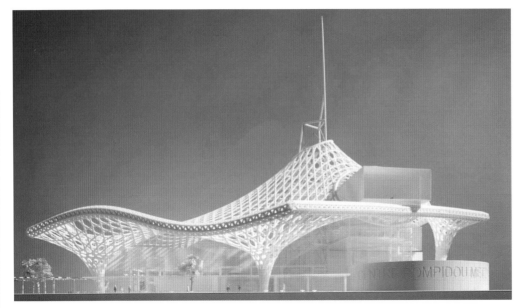

蓬皮杜中心（Centre Pompidou）

坂茂，法国，梅斯，2004—2007年。

这座新艺术中心颇具战略性地坐落于德国、比利时以及卢森堡边界，由竞赛获奖方案产生。坂茂以及合作者让·德·卡斯汀（Jean de Gastines）和菲利普·古姆齐德简（Philip Gumuchdjian）设计了大量覆盖着半透明玻璃纤维膜的六角形栅格钢木标准化组件结构。这种结构遍及整个综合体，包括展示空间、公共空间和行政设施等，这些设施位于金属覆层的发光矩形管筒中。屋顶和展厅空间都采用了遮蔽性表面。"帐篷式"的不规则有机结构与抬高的"建筑"形成鲜明的对比，模糊了建筑不同功能和内外空间之间的界限。

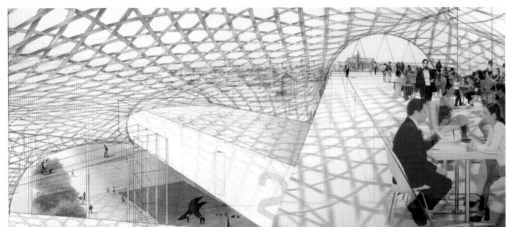

高效率和更快供给的一种途径。在一些国家，例如美国的艾柯恩旅舍（Acorn House）、德国的赫夫楼（Huf Haus），以及瑞典的明智住宅，已经相当成功地引入了工厂制造的住宅。面对熟练建筑工的缺乏，小而具有限制性的场地以及竞争市场等问题，这种方法可以解决由于建造标准提高和需求增加而带来的要求。设计与建造的标准化方法同时也可以产生出更多适应其用户需要和要求的可适性建筑。

在日本还有一些非常普及的模块化住宅建筑系统。像丰田（Toyota）和积水（Sekisui）公司所开发的系统中，住宅的设计与客户有着密切的关系。在客户与公司设计师/销售人员进行合作做出选择时，一种特殊的计算机程序会详细地列举出所有的部件。这样就可以对住宅的外形以及费用做出准确反馈。像其他预制系统一样，材料和面层也有许多变化。但是，与从一系列基本住宅平面中进行选择不同，在既可以是扁平外壳，又可以是立体模块的标准化部件限制范围内，建筑布局和风格也具有无限变化。设计一确定，订单就会传给工厂，并开始配备部件——在积水公司，这个过程会在它400米长的装配线上进行。在避免现场储存的"即时"系统中，组件被包好并装载到运送车辆上。

这种建筑方法能够产生一种显著不同的城市肌理。在1995年阪神—淡路地震（Hanshin-Awaji earthquake）之后，神户市的大部

预制模块化住宅，日本，神户。

英国千年穹顶（UK Millennium Experience Dome）

理查德·罗杰斯与布罗·哈波尔德（Buro Happold），英国，伦敦，1999年。

罗杰斯与布罗·哈波尔德合作设计的英国千年穹顶并没有按照英国政府原始任务书的要求，而是创造出一系列独立的"体验"展馆，以便在千禧年庆祝结束后提供一个能被重新利用的可适性建筑。虽然由于内部的展览而受到广泛的批评，但建筑本身总体上还是被视为一项成功的工程项目，建造后可以至少保持20年，而且如果需要还可以迁到其他的地方。它将进行改装，为2012年的伦敦奥运会提供体育馆和篮球中心，除此之外还可作为体育和娱乐综合体被本地居民使用。

分地区都遭到毁坏。这大部分是由于随之发生的大火，因为总水管破裂，而狭窄的街道肌理限制了消防车的进入，所以大火不能被扑灭。因此，城市当局迅速设计了新的城市设计规划图，以防止类似灾难发生。居民们被安置在他们原来老房子或相近的建筑地块上。许多新住宅的建造都采用了新型的工厂制造系统，同时产生出一个不可思议的多样化街区：综合兼容而具随意性，许多都可以说是没有经过设计，甚至属于拙劣的作品，但却也具有高度的个性化，并与居住其中的人们产生共鸣。

近期，为了提高英国经济适用房的交付能力，工地外生产方式的潜力已经得到了大量的关注。针对这种需要，同时也旨在显著提高客户选择度和适应性，卡特赖特·皮卡德与木构架制造商佩斯（Pace）木系统公司合作设计了欧迪玛家园住房系统（Optima Homes）。尽管具有将楼层造至5层之高的潜力，该系统还是专门针对于排房和半独立房。它由一个封闭的墙板系统构成，这个制造出来的系统可以完全设置工厂预先安装的干式内衬、保温层、管道、外墙与窗户，与厨房、卫生间箱体谐调一致，这些箱体中都加入了预制组件和设施，以便于连接。房屋建造者、设计者以及客户既能够将组件作为欧迪玛系列标准平面中的部分，也可以将它们定制为一个独特的方案。

可适性设计的一个根本特征是需要配有同样可适性的设备。在

卡特赖特·皮卡德与佩斯木系统公司，
欧迪玛家园住房系统，英国，2004年。

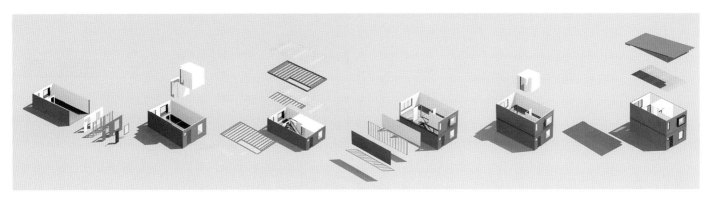

卡特赖特·皮卡德与佩斯木系统公司，
欧迪玛家园住房系统装配序列，英国，
2004年。

多功能的空间中，需要采用不同的方式来变换设施，以便它们每次都能适应所支持的功能。这主要是指在照明、取暖和通风，以及电力与通讯系统供应、安全、火警和逃生方式等方面的变化。这些空间也可以进行再划分和重新分区，因此必须有足够先进的控制系统来满足要求。这些要求不仅意味着这一个设备系统会复杂而昂贵，而且也表示它要能适应快速的变化，甚至可以在一天中有许多不同的功能。更长期的变化也同样重要，特别是当针对于住房时，这种灵活性更是必需的，不管是一个家庭的需求随着时间推移而改变，还是又有新住户搬进来了，在这两种情况下，房屋布局都应该能够适合于新的生活方式。例如，在家庭住宅中，一对夫妇会有孩子，然后孩子们会长大和离开家庭。在老年人的住宅中，因为他们会变老，所以住户不太会发生改变。显然，为适应不断变化的生活方式，能够变化的平面将是再好不过的。

从20世纪70年代起，荷兰建筑师弗兰斯·凡·德·韦尔夫（Frans van der Werf）就开始倡导可适性设计，并建造了一些利用可持续结构的获奖住房项目。他在荷兰泽弗纳尔的派尔欧姆庭院（Pelgromhof）项目始于1997年，竣工于2001年，为169位住户提供了住房。与同类型项目通常50年的生命期相比，它所具有的预计灵活性生命周期最少为75年。这个综合体使用了可持续材料，并采用一

弗兰斯·凡·德·韦尔夫，派尔欧姆庭院，荷兰，泽弗纳尔，1997—2001年。

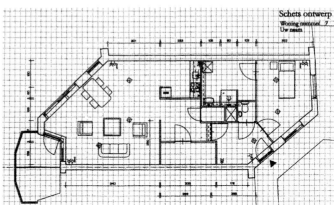

弗兰斯·凡·德·韦尔夫，派尔欧姆庭院，荷兰，泽弗纳尔，1997—2001年。

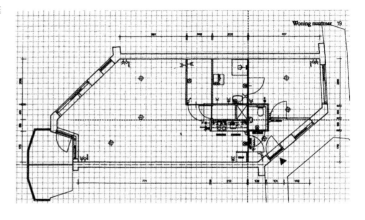

莱茵瓦尔登到托尔卡默沿途住宅（Rijn-waarden te Tolkamer）

弗兰斯·凡·德·韦尔夫，荷兰，2003—2005年。

这个住房项目延续了弗兰斯所致力于的在材料和能源使用方面的可持续建筑工作。它也包含了居民的灵活性公寓，这些公寓的特色是具有终身居住的保证，因为其布局具有依照需要而适应变化的能力。

种院落形态进行建造，这种形态将自然景观与紧凑、高效能的平面布局结合在一起。单户公寓的建造采用了灵活的设备系统，能够使住户根据其需要和品位设计他们自己的房间。住宅计划给50岁或50岁以上的人使用，且根据"生命周期保证居住"的原则来进行设计，该原则可对住户一生不同阶段的需要做出回应，如行动能力或视力有障碍的时候。

这种灵活的设备系统也能对现有建筑进行改进以延长其使用周期。建筑师瑞哲涅·波斯特玛·哈格（Reijenga Postma Hagg）将马图拉系统（Matura）应用在位于福尔堡的另一个荷兰住宅项目中，该项目从1989年开始，在30年后首次建造完成。原有的住户能够完全重新设计他们的房间布局，他们先转移到临时的住处，然后在1个月后返回他们的新家。只有三个工作人员的小组在组团内挨家挨户地安装新服务系统，直至完成整个工程。这种灵活更新过程对于接下来和未来的变化所产生连续利润的研究依然还在进行之中。

灵活性空间的原则能够适应广泛的用途，它是一种从最早的建筑史中就可以找到的基本建筑形式。在农业（谷仓或农庄）与住宅（厅堂）环境中都能够寻找到这种多功能空间的建筑类型。在工业上，大型开敞平面的空间可以容纳采用统一动力发动的不同类型机器，这种空间是直接由工业革命产生的一种原型，当时，多层厂房的位置都首

尼古拉斯·格里姆肖合伙人事务所，易格斯工厂，德国，科隆，1990—2001年。

选在水源附近，直到利用煤炭驱动蒸汽动力后，才转移到城市中心。

当代的工业建筑采用了这种形式，以便制造商应对新产品需要或引入新机器、新工序的时候，能允许生产线过程中所产生的变化。已经建成的德国科隆的易格斯（Igus®）工厂具有比通常工厂更大的灵活性。易格斯是一个制造注模工具（以前是由金属制成的）的家族企业。这些工具根据所要求从事的工种而差别很大，因此，公司通过频繁改变生产过程发展出一种相当灵活的生产方法，从而提高效率。

尼古拉斯·格里姆肖合伙人事务所为该公司设计了最新的工厂（竣工于2001年），其开发过程达十多年之久。设计团队开发出具有无柱空间以及使建筑构件与要素能够便于重新布置的标准化模块系统。建筑平面由一系列68米宽的正方形框架组成，屋顶自一个高塔悬挂下来。覆层为整体使用干挂的可拆卸的铝板系统，以便可以使个别面板或整体墙面进行改变或重新布置。行政和办公设施位于钢腿架高的舱体内，钢腿下部为扁平的圆盘状的脚。通过将这些设施吊到通常在剧院中使用的变换布景的气撑吊车上，还能够使他们移动至工厂内的任何位置。

当更复杂的建筑类型必须对变化做出回应时，可适性建筑必不可少。它尤其在住宅上富有价值，其针对使用者需要而做出的回应十分有益于提高住户的生活品质。它对于具有不确切功能或具有展览、教育、医疗、娱乐、工厂生产和仓库贮存等多样化功能的建筑类型也颇具价值。可适性建筑要倾向于比固定功能的解决方法具有更高级的维护组件，因而，在初次建造时也会更加昂贵些。尽管如此，它们能够更好地满足其功能，并具有延长的使用寿命。因此，可适性在为可持续建筑提供一种解决方法上，就成为一种关键性和适宜性的策略。

尼古拉斯·格里姆肖合伙人事务所，易格斯工厂，德国，科隆，1990—2001年。

変換

坂茂，玻璃百叶屋（Glass Shutter House），日本，东京，2004年。

所有建筑都具有可操作的特点。门可以打开，窗户有时也可以打开。许多建筑内的家具也是可以移动的，而且由建筑师设计出的最佳布置方式通常也会被重新调换位置。一些陈设，例如百叶窗、窗帘等，能够改变空间的采光。一般而言，家具和陈设是建筑设计中最为普通的用户定制元件，它们同时也无疑能明显地改变空间形象和氛围。但是，为了从根本上改变建筑的使用方式，还需要进行更大的改变，并且，如果没有重要的结构性介入，在一些传统建筑中也不可能产生这种变化。

甘·奥唐纳工作室（现为甘建筑工作室）。本特·斯约史特洛姆星光剧场，美国，伊利诺斯州，罗克福德，2003年。

真正的可变建筑肯定远远不止移动椅子或者涂饰墙体所产生的最小改变。它必须能在整体建筑环境特点上产生显著的变化。因此，可变建筑是可以通过结构、表皮或内表面的物质变化而改变形态、体量、形式或外观的建筑，这样可以在其使用或感知方式上产生显著的改变。这是一种可以开合和伸缩的建筑。这种类型的转变并非一种可以被简单纳入建筑中的特色。能在常规基础上重新设置的可动结构构件需要在设计和制造上付出更多的努力。其难点主要在于以下三个方面：运动机制；内外组件的连接；以及在不同状况下设施的运作。

用来产生运动的机制应该耐用坚固、维修方便、易于操作和稳定可靠。在一些情况下，特别是在室内，意味着建筑应只采用人力就能够进行转换。这种简单的身体行为不仅能够改变空间，而且还可以增加使用者与建筑及其周围变化的环境之间的联系。对于更大的变化，这种情况即使在室内状态也不太可行，因此需要动力驱动的设施。这种行为多少有些神奇，碰触按钮就可以产生运动的建筑，能对某些单调的事物加入有效的再创造，使其品质具有活力。电动屋顶、墙体与门的绝对可靠性相当重要，这能使它们在需要的时候立即关闭；出于这种原因，测试相当良好的电力、水压或风力运动机制就十分必要。安全系统也是动力驱动装置中的一个重要部分，它可以确保系统在出现问题或发生紧急情况下自动停止。

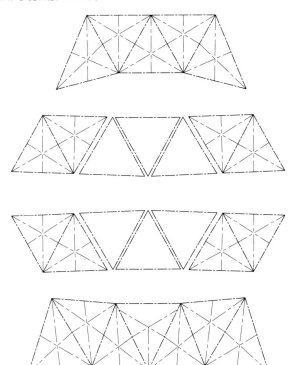

建筑构件机械运动的另一个方面就是必须存在开合缝。当开启部
分位于室外时会导致防风雨的问题。精确的固定连接件细部设计是一
项很好理解的工作，但还是无法知道新建筑渗漏的原因是由于有缺陷
的工艺、材料，还是在设计中介入了未预见的情况。因此，具有两种
以上完全不同存在状态的活动连接件的细部设计就成为一项非常复杂
的工作。随着一些塑料的加入（例如，在更长时间中能保持其灵活性
和完整性的氯丁橡胶），新型材料会使这项工作变得更加简单。在其
他行业中，特别是汽车设计中所采用的策略，也能在解决此领域的问
题上提供许多有价值的先例。

在室内进行的变换也会出现一些新问题。一个非常重要的问题就
是两个分割空间之间的空气流通。两个房间的独立性通常需要保证隔
音，而防火隔墙甚至更为重要，否则会出现安全问题。另一个稍微次
要但也很重要的问题是，变换区域的面层不应该由于在建筑变换操作
中留下痕迹和受到损坏。可变建筑成功与否的一个重点在于：它在任
何不同状态下所提供的设施至少要与静态结构提供的设施一样良好。

为可变空间而设计的建筑维护设施必须要比传统建筑能在更广
泛的环境中有效运作。尽管所有气候都存在着季节变化，但这些设施
通常可以在一段更长时间内运作。例如：一个可以完全打开屋顶的建
筑在其屋顶打开时也许会突然遭受到更高的湿度，当屋顶闭合时，这

几何屋顶的固定和移动构件

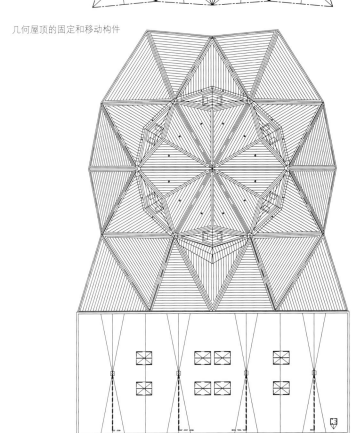

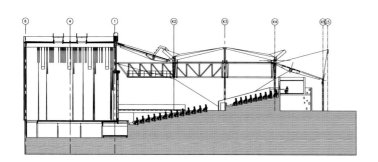

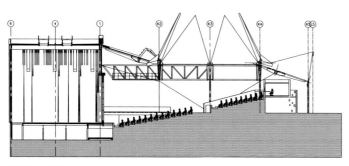

屋顶开合剖面图

甘·奥唐纳工作室（现为甘建筑工作室），本特·斯约史特洛姆星光剧场，美国，伊利诺斯州，罗克福德，2003年。

个问题必须得到快速解决，这样才不会破坏室内面层。因此，加热、制冷和通风可能会需要比传统建筑更快的反应时间。此外，设施供给也许会受到限制，因为不太可能在可动隔断或表面部分放置电缆或管道。在分割的空间中，照明或通信点必须进行仔细的设计，以保证不同配置准备就绪时能够有效运行。出于同样的原因，对所有设施的控制也必须具有多样的运作方式和接入点。

可变建筑同时也在使用者能力范围内加入对环境的控制。引入可变性的一个重要原因在于使建筑与外部环境相结合，并因此对外部气候条件作出反应。玻璃墙可以在恶劣天气中将室内外隔离，它在气候允许的条件下可以被移走，从而打破建筑内外之间通常具有的形式屏障。同样，由于氛围或环境的原因，可以打开屋顶，以加强与光线和天空的联系。本特·斯约史特洛姆星光剧场（The Bengt Sjostrom/Starlight Theater）由甘·奥唐纳工作室（Studio Gang O'Donnell）（现为甘建筑工作室，Studio Gang Architects）为美国伊利诺斯州岩谷学院（Rock Valley College）而设计，于2003年竣工。该建筑取代了一个流行的户外会场，尽管业主希望能够不管气候而保证其演出继续进行，但是只要可能，他们也同时希望能保持以往那种户外的氛围。因此，设计者所创造的建筑是一个能够在三年中分阶段建造的项目，这个项目使大学依然可以保持其正常的夏季演出

卡尔金住宅（Kalkin House）

亚当·卡尔金（Adam Kalkin），
美国，佛蒙特州，谢尔本，2001年。

这座建筑坐落在谢尔本博物馆中，近150 000件艺术作品在博物馆场地中的39座建筑中进行展示。卡尔金住宅建于2001年，它是对室内空间中一座画廊所进行的想象性当代再创造。一座工业金属仓库建筑采用了三个国际标准化组织集装箱构成外表皮，以限定出室内空间。建筑能够通过两个双层玻璃库门完全打开，以完全改变其氛围。

活动日程。其屋顶是主要的可变元素，它是一个混合的棱锥，由六块底边用铰链连接的相同三角形面板构成。屋顶通过一个可以同时打开面板的转矩管驱动系统进行操控，在观众上方便创造出一个多面体的天空。水压安全机械装置确保屋顶能够在机械失灵的情况下平稳闭合。

随季节而变的建筑可以明确表达出一种与环境的重要联系。八十七建筑师事务所（Eightyseven Architects）设计的花园小屋（Garden Hut）是一个十分朴素的获奖项目，它于2004年建造于西班牙的加泰罗尼亚。这是一座预算不多的建筑，具有两种功能：在冬季是一座仓库，而在夏季则成为主人相邻住宅的户外房间。它由鲁培（Lpê，一种取自可再生资源的巴西硬木）、夹层玻璃和锈蚀的钢材建造而成。建筑的墙体可以滑动并重叠，直至完全打开，朝向临近的花园和远景。建筑采用与众不同的分段几何屋顶，具有雕塑的特征，并采用简单的手动操作，具有家具质感。

增强建筑与外部环境联系的变换同时也可以保证建筑在一些通常不太可能的情况下顺利运作。例如，它们能使空气和光线进入运动场地，从而使场地表面的草地可以生长，而当没有体育赛事举行时，又可以保护它不受恶劣天气的影响。这是一种能使活动产生变化的相对被动的方式，因为其空间形态基本保持不变。然而，可移

八十七建筑师事务所，花园小屋，西班牙，加泰罗尼亚，2004年。

让·努维尔，卢塞恩文化与会议中心，
瑞士，1993—2000年。

堪萨斯州大学
建筑学院

**堪萨斯州大学实战项目工作室
（KUS Live Project Studio），美
国，堪萨斯州，2004年。**

建筑师弗拉米尔·克里斯蒂奇（Vlai-
mir Krstic）对建筑学院20世纪初的
建筑进行了大范围的改建，他与学生
们在一个合作设计/建造过程中完成
了此项目。他们在一个漆黑，没有窗
户的区域创造出新的工作室以及复习
和聚会空间，使用背后照明墙来进行
采光。一个较为正式的多层报告剧场
空间通过一面旋转墙体来活化空间，
这面墙遮挡住来自入口的通道和光
线，并创造出一个投影空间。

动的墙体、楼板或屋顶也能在相当大的程度上改变建筑的形态，以便进行不同的活动。一个独立的卧室、书房以及休息区能变成一个大型开放平面的生活空间；一系列小型会议室能够变成一个单独的大型会议区域；一个剧院通过采用门厅空间，能够扩大容纳其观众。

1989年，让·努维尔（Jean Nouvel）开始瑞士卢塞恩文化与会议中心（Lucerne Cultural and Congress Centre）的工程，这一艺术项目位于显眼的湖边场地，主要创造用来提供用于城市音乐节的当代基地。设计方案通过竞赛选出，并经过卢塞恩居民公民投票同意，直到2000年竣工时，设计已经发展成为一座复杂的多功能会场，其中包含1900座的礼堂、可容纳900人的可变剧场、会议中心和美术博物馆。建筑的显著特征在于其大面积的屋顶平台，下面包覆了建筑多样化的功能。这个屋顶平台位于与湖面相邻的附加露台之上，向外挑出45米，兼具美学和实用功能。在美学上，它映射出湖面，并强调了它与环境周围山脉的和谐关系。在实用性方面，它覆盖了与建筑内部功能巧妙连接的外部入口和活动空间。多功能会场经过特别设计来应对室外空间，通过具有可变换位置和可移动的墙体使观众相对而座，将外部平台加以利用。

查克·霍伯曼（Chuck Hoberman）是一位设计师和发明家，其工程主要探讨如何采用展开式结构来限定空间和构筑物的可变换运动

查克·霍伯曼，霍伯曼拱门，美国，盐湖城，2002年。

几何学。他以霍伯曼球面（一个折叠式球体在连续作用下，由于其各部分的几何学内连接可伸展成为更大的形态）而著称。霍伯曼的设计建立在运动建筑组块的概念之上——联动装置之间彼此相连，从而传力转化为运动。当具有合适的形态以及集合形时，多个运动建筑组块可以组合为一个完善的网络，这样能创造出一个在施力情况下改变形态或大小的运动结构。运动建筑的关键因素在于保持稳定性，霍伯曼将它定义为某种过程而非状态的东西。这能够通过限制结构各部分间的挠曲来实现。

查克·霍伯曼，霍伯曼拱门，美国，盐湖城，2002年。

霍伯曼已经建造出很多建筑足尺结构，其中包括为2000年德国汉诺威世界博览会设计的霍伯曼开合穹顶（Hoberman Retractable Dome），以及1995年为美国洛杉矶加利福尼亚科学中心设计的扩展式双曲抛物面（Expanding Hypar，Hypar为hyperbolic parbaloid的缩写）。他所设计的最大项目当属为2002年美国盐湖城（Salt Lake City）冬季奥运会设计的建筑。该项目中，他创造出一个22米宽的被称为霍伯曼拱门（Hoberman Arch）的舞台机械式"帷幕"，这个舞台可以用来举行赛事的开幕和结束活动，以及每晚的奖牌颁发仪式。帷幕由场景和道具布置制造商的舞台布景技术制造，是一个可收缩的半径为11米的半圆隔板结构，当完全打开时它可以堆叠为一条宽1.8米的紧密条带。由喷砂处理的铝结构以及96块透明的纤维加强板构成的

弗洛拉克住宅
（Floirac House）

雷姆·库哈斯／大都会建筑事务所，法国，波尔多，1995年。

由于这座住宅的业主只能依赖轮椅行动，因此库哈斯并没有采用传统的电梯来通往不同楼层，而是建造出一间升降房间来形成住宅活动的核心部分。该设计将业主充分融入其活动范围，并将业主的活动作为建筑表达的重点。

板条箱之家
(Crate House)

艾伦·韦克斯勒（Alan Wex-
ler），美国，纽约，1991年。

纽约艺术家艾伦·韦克斯勒最早曾受
过专业的建筑训练。他所创作出的雕
塑和装置表现出物体进行构建的重要
性，以此来确立个体特征以及我们与
空间、场所之间的关联。板条箱之家
由一个"压缩"的住处组成，其中容
纳了一个舒适家庭中我们周围惯常拥
有的所有物体。看着这些部分能够变
换为无明显特征，可装运物体的形
态，不禁使人们向现代家庭的真实特
征提出质疑。

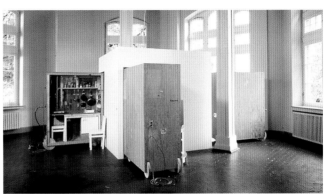

格拉兹艺术馆
（Kunsthaus, Graz）

彼得·库克与科林·福尼尔（Co-lin Fournier），奥地利，2005年。

这座多功能艺术中心位于格拉兹历史城市中心，建筑在半透明、弯曲的丙烯酸玻璃表皮中容纳了展厅、表演空间和多功能空间。一条自动扶梯将人们从会议、商业以及公共饮食空间所在的透明玻璃底层向上引入上层的展示空间。在建筑东边弯曲表皮之下是由R:U工作室（Realities United）所设计的低分辨率"交流展示"——BIX（由单词"big"与"pixel"组合而成）。295根环形半透明电子管都能够进行单独控制，从而创造出一面能够放映出简单信息和动画的灰度模式显示器。

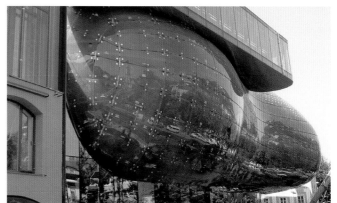

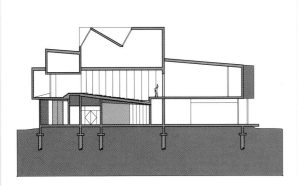

艺术系建筑

史蒂文·霍尔，艾奥瓦大学（Iowa University），美国，2005年。

这个对艺术与艺术史系建筑的扩建旨在使之成为一个可以容纳包括艺术教学和实践等多种不同活动的可适性设施。建筑由扁平弯曲氧化钢板构成，这些钢板折叠后开槽，以增强强度。可适性空间可以在夏季从工作室向外展开，而横向过道则起到具有多样化功能缓冲区的作用。

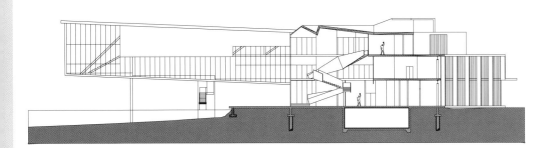

圣地亚哥·卡拉特拉瓦，密尔沃基艺术博物馆，美国，1994—2001年。

帷幕，通过两条30HP电动控制受压缆索进行运作，缆索既可以打开帷幕，也可以支撑其重量。在帷幕的开启和闭合操作中结合进500多盏数控灯光，从而在它移动时能使其表面产生明显的变化。

具有改变空间功能性能的可移动构件同时也毋庸置疑地会改变空间的特征，它不仅在某种意义上变得具有物理性的差异，同时也采用一种传统建筑所不能的方式实现了其潜能。不过，尽管空间氛围会发生改变，但这却很少能够改变整体建筑的特征。这种影响建筑形象或特色的机会才是可变换设计的真正潜能，而且也是较为理想的情况。例如，建筑在向公众开放和关闭时可能会需要确立出不同的特征，或者也许需要按照内部发生活动的不同性质来改变其形象。

圣地亚哥·卡拉特拉瓦（Santiago Calatrave）所设计的建筑经常探讨与其表现性有机结构特别相似的动力学元素的潜力。他的设计表现了在平衡与不稳定间所产生的瞬间——一个结构设计开始变得最为精巧的时间和位置点。因此，他的许多建筑都具有可以改变形态或位置的构件，例如，1993年为纽约现代艺术博物馆庭园所设计的玻璃钢雕塑，或者于2000年完工的巴伦西亚艺术科技城地下车站的入口折叠移门。密尔沃基艺术博物馆（Milwaukee Art Museum，2001年）入口上方的雕塑构件虽然是作为功能性的遮阳百叶，但无疑赋予建筑屋顶一种极具魅力的飞鸟形象。该结构的72块钢突片重达90吨，翼幅

达66米，比波音747飞机还要宽。挡板的开合使进入玻璃入口的光线发生明显变化，卡拉特拉瓦将它描述为建筑对游客们的欢迎姿态。

卡拉特拉瓦所设计的纽约城世贸中心中转站重建项目，出于实用性的原因，建筑中也使用了变换的理念，但它同时也具有重要的象征性内容。新建筑不仅取代了2001年911灾难中被毁的纽约地下火车站，同时也将纽约地铁与下曼哈顿这部分的市郊火车和轮渡相连接。其日客流量可达80 000人，这也是该设计极其重要的一个方面，同时，由于基地的历史，其特征必须既要反映曾经发生过的历史事件，同时也要创造出某种新颖和进步性的东西。

该设计受到19世纪和20世纪初重要火车站的启发，尤其是它所代替的宾州车站（Penn Station）和市中心的纽约中央火车站（Grand Central）。建筑采用巨型玻璃屋顶的形态，使移动和过渡的大空间中充满自然光线。两块均衡的顶盖能够液压开合，从而创造出一个15米宽的锥形开口，使建筑能自然通风，同时也可作为防火口。中央大厅与2001年的事件具有微妙的纪念性联系——在第一座塔被击中和第二座塔倒下的两个重要时刻，其主轴以及顶盖外缘与太阳角度成一直线——卡拉特拉瓦也通过设计进行强调，在每年9月11日上午屋顶都会打开作为纪念并与天空直接进行连接交流。

西广场购物中心（Galleria Mall West）是由荷兰UN工作室（UN

UN工作室与奥雅纳照明公司，西广场购
物中心，韩国，首尔，2004年。

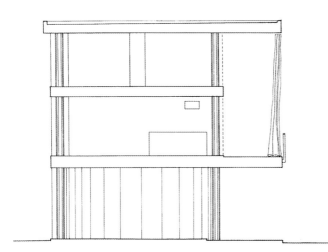

赫尔佐格与德梅隆，安联体育场，德国，慕尼黑，2005年。

坂茂，幕墙住宅，日本，东京，1995年。剖面图与室内。

Studio）与奥雅纳照明公司（Arup Lighting）的照明工程师罗杰·凡·德·海德（Rogier van der Heide）合作完成的。建筑外立面由支撑着4340块玻璃圆盘的新型钢框架所覆盖，每个圆盘都包含一块单独操控的LED面板。整个立面被转变成为一个巨型的可编程序显示屏，它所放映的视频、静态图像以及文本都能够通过互联网由设计者进行远程控制。

2005年，赫尔佐格和德梅隆设计的德国慕尼黑安联体育场是一个使用相似技术，但规模大得多的项目。它是为两个主队——拜仁（穿红色球衣）和TSV（穿蓝色球衣）所设计的一个足球竞技场。建筑覆以2816块菱形ETFE（乙烯四氟乙烯聚合物）气垫，悬挂在能使它们产生膨胀和收缩的EPDM（三元乙丙橡胶）箝位系统上。LED灯固定在每个气垫的边缘，气垫上涂有白点图案使光源可以进行扩散。这个设计理念的主要考虑在于根据哪一个队打主场，而使体育馆转换为蓝色或红色。

除了活动表皮（墙体和屋顶）和表面（内墙面），我们也能通过移动整体构件来产生转换。日本建筑师坂茂以将纸张作为一种实际建筑材料而著称，但他并不只是局限在材料的试验阶段。从1991年起，他开始了一系列住宅的个案研究，其中探讨了建筑和设计如何来影响人们使用住宅的方式以及这些住宅坐落在何种环境中等一系列不

南加州建筑学院
（SCI-Arc）会议室
与活动空间

琼斯与合伙人事务所，美国，洛杉矶，2003年。

南加州建筑学院在洛杉矶市中心占用了一座老货运站的历史建筑，这表明这座将容纳一间主任会议室、学生咖啡馆和活动空间的建筑不能做任何形式的改变。其问题在于如何将三种截然不同的功能融入两个空间，以及如何对这座粗犷的建筑进行充满活力的介入。最终方案是设计了一间按照抽屉原理运行、从建筑侧面移出的房间。一架巨大的工业升降机为空间增加了更多的灵活性，从而可产生24种布局。

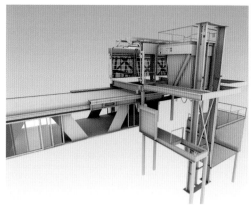

风之住宅

大久保武志，日本，茨城，2004年。

日本传统住宅都具有移动的屏风，为了将各个房间连接起来形成一个完整空间时必须将这些屏风进行移动。对于这个理念的当代诠释是一座适合两个具有亲缘关系家庭居住的住宅，它具有移动的墙体和伸缩入墙的窗户。这使自然通风可以穿过整个住宅，而且同时也能从建筑纵深看到花园的景色。主流线采用了一种交错的路径，以便在两户家庭之间保持私密性。

坂茂，玻璃百叶窗住宅，日本，东京，2004年。

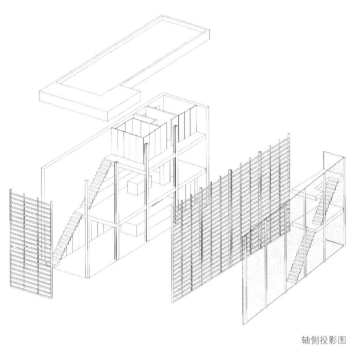

轴侧投影图

三层平面图

剖面图

同观点。这些住宅中有许多都探讨了墙体、屋顶与隔断等边界消失的理念。1995年，他在日本东京都板桥区的一块城市场地上建造了幕墙住宅（Curtain Wall House）。这个设计反映出传统日本住宅的开放性，但是代之以纸糊木框障子与粗席帘的是在建筑的两个开敞面上高两层的帐篷状大帘幕。这能够提供视觉上的私密性，而空气流通和街道上的声音仍然可以穿过住宅。在冬季可以装上一套与帘幕相组合的玻璃门来提高保温性。

2004年，他在东京目黑区的另一块场地上所设计的玻璃百叶窗住宅又重新采纳了这种概念。这一次，建筑不仅打破了内与外的边界，同时也破除了不同功能间的分界。建筑能够被描述成为底层有餐馆的住宅，或是上层带卧室的餐馆。在任何一种情况下，日本人有礼貌尊重隐私的意识都通过充分移动的玻璃百叶墙得到体现。尽管悬挂在可伸缩立面内的窗帘可以用来遮挡内外视线，但这些墙体也能够伸缩进屋顶内。这两种功能都能充分利用朝向街道的三层高耸体量。

坂茂在日本神奈川县秦野市设计的9平方网格屋（Nine-Square Grid House，1997年）采用的是一个正方形平面，这个平面再被划分成9个更小的正方形区域。屋顶在两边通过与钢立柱相结合的结构"家具"进行支撑，从而使另两边和内部空间不需要任何进一步的结构支撑。开放墙体以及内部空间通过一系列楼板到屋顶的通长滑行板进行划分，这些面板可采用许多不同的方式进行排列，可以根据心情和季节来容纳功能要求。这些面板既不是墙体、屏风，也不是门，但系统附件却能够在移动而不影响面积的情况下，相当灵活地采用多种方式改装空间。

2000年，坂茂在日本埼玉县川越市的乡间设计了一座具有相似效果的住宅，但在此设计中却使用了一种更为简单的方法。甲方并不希望家庭在其各自独立的房间中被彼此隔离，而是要求生活在一种公共的氛围中，但在必要时又可以具有私密性。该开敞式住宅（Naked House）包括一个简单的长方形木框架棚状空间。内部主要空间的一边是用于储藏、烹饪的服务用房和卫生间，而另一边则是一面透明和不透明的墙体。建筑内部一组可移动的房间能够在滑轮上移动到任何位置，例如可以与卫生间或窗户相邻近。房间可以组合在一起或保持分离，同时家庭成员也可以坐在房间或主要空间的内部、上面或外部。通过移动房间来创造隔断和开口的这种方式，能够在顷刻间明显地重新塑造家庭的空间特征。

在传统建筑形态和最当代的设计中都能够发现变换性的存在。从最小型建筑到最大型建筑，变换性都会有用，尽管实现可靠且可用的形态还有一定的困难，但它还是可以为建筑的功能性增加价值功效。变换性能使空间变得更富有创意，可以同时由不同群体用于不同的用

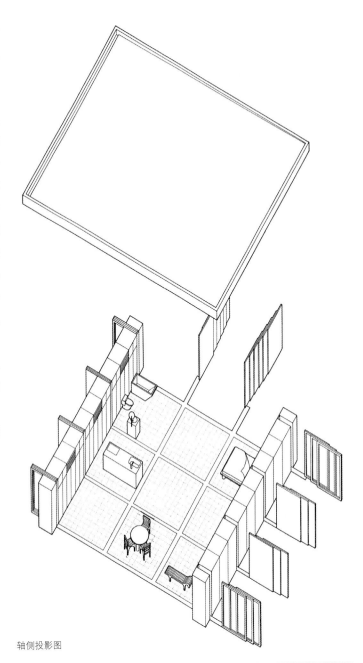

轴侧投影图

坂茂，9平方网格屋，日本，神奈川，1997年。

美国国家航空航天局
综合舱

FOA建筑师事务所，2000年。

这个样品项目是为未来家居（Future Homes）的展览所做的，其中探讨了如何为美国国家航空航天局所计划的2013年火星太空行动中宇航员提供改良型居住舱室。由于将会在一个狭窄的桶形太空舱中来往通行，因此，FOA设计了一个可以在飞行器到达时变形为多样化的有趣建筑的结构——这对漫长的行星停留过程好处极大。一系列同心圆骨架向外扩展，将挤压的管状改变为沿长轴旋转的变形圆筒。较远的骨架张开创造出一个更大的空间。这个设计应对了由于独特交通性质而对居住模式形态产生的诸多限制。这种策略也使形态可以从其初始的圆筒单元产生扩展和变形，从而创造出特殊的形态和体量。

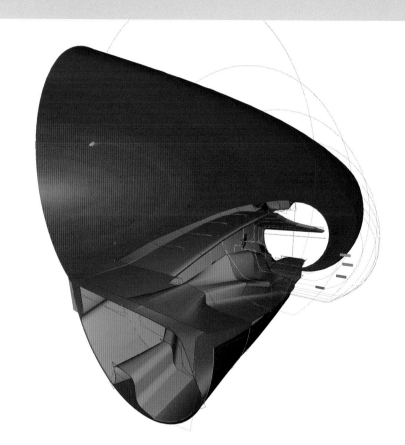

充气办公室（Office in a Bucket）

充气设计公司（Inflate），英国，伦敦，2003年。

这个结构是一个由覆以聚亚安酯涂层的格子尼龙制成的充气分隔系统，它可以放在不超过办公室废纸篓大小的桶中。它一旦接通电源并开启，大约8分钟就能充气膨胀，创造出一个限定私密的聚会空间，而在不用的时候，则能被储藏在极小的空间中。

坂茂，开敞式住宅，日本，埼玉县，川
越市，2000年。

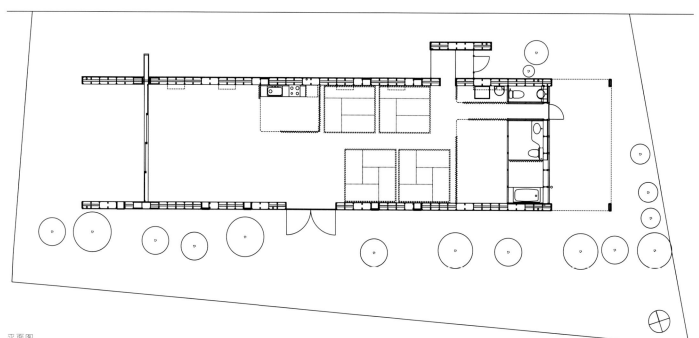

平面图

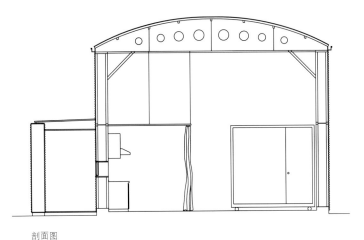

剖面图

途或活动。变换性也能通过内外空间的打通而与外部环境产生独特的联系。这样，对于最好能在户外进行的活动，即使在天气无法配合的情况下依然还可以有备用的围合系统。

最后，变换性还在两个重要的方面具备改变人类与建筑的关系的能力。首先，通过创造一种非静止的环境与物体，它能给通常人们所认为的一种无生命艺术带来活跃的生命。其次，也可能是最为重要的，它为创造出一种更为民主的建筑形态。尽管移动的特征是由建筑师设计的，但是其目标却在于使建筑限定的形态超越他或她的控制。这创造出一种虽然有限但具备不确定性的建筑，它同时也更具有共鸣性，可以增加与用户所控制的活动和行为相关联的特征。在有限的时间段中能够显著改变其形态的建筑会建立一种与完全静止的建筑所不同的特征感，同时，人们也以一种十分不同的方式来应对运动而不是静止的环境。这是因为他们对于建筑的参与正成为一种互动而非一种简单的反应。

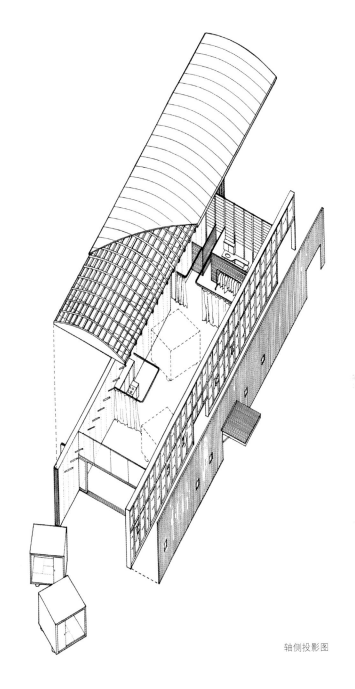

轴侧投影图

格罗宁根蓝月旅馆
（Blue Moon Groningen Aparthotel）

FOA建筑师事务所，荷兰，2001年。

这座旅馆是建造在市中心区一块5米×5米狭窄基地上的四层建筑，其中包括三间具有开放式平面的短期出租公寓。FOA的目标在于创造与帐篷游牧环境有关的空间。室内采用银色织物覆面，建筑外观以开口的式样作为特征，这些开口可以使用户们重塑其环境，以免与全开敞的户外完全封闭。

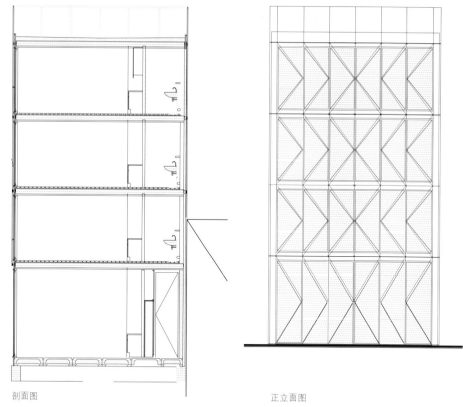

剖面图 　　　　　　　　　　　　正立面图

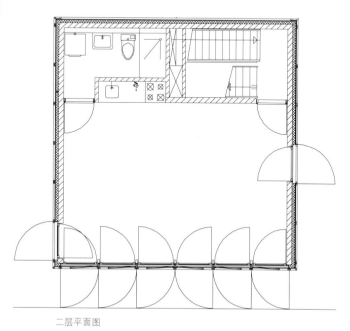

二层平面图

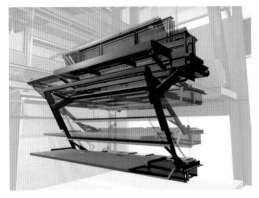

布里尔住宅（Brill House）

琼斯与合伙人事务所，美国，加利福尼亚州，银湖，1999年。

这座钢和玻璃的构筑物建造于先前既有建筑的基础之上，它试图发展出一种新的技术乡土性。一个三层的开放性生活空间位于一边，而另一边则包含了私人区域。通过一座缆车操作的活动桥可以到达业主鼓乐藏品的宽阔展架——其防护栏杆能够横向展开提供表演平台。一个滑动的屏幕系统提供了可变化的私密性，并且还可改变建筑的音响效果。

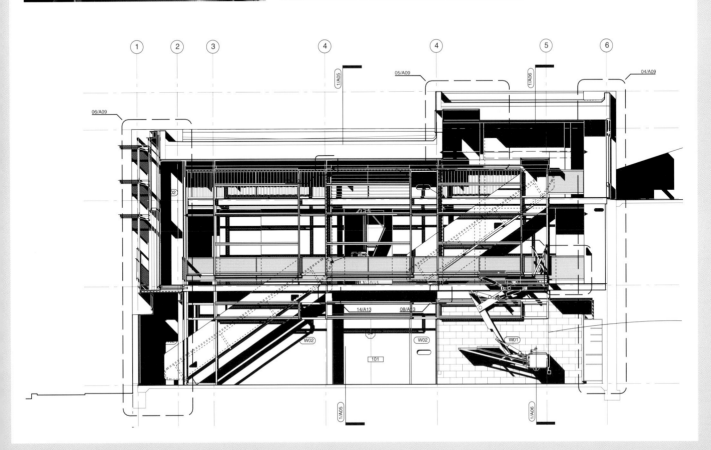

移 动

可移动建筑的概念最初是作为一种矛盾出现的。将人类创造的最坚实的物体设计为可以从一个地方重新安放到另一个地方，这种特别的想法看上去近乎是一种矛盾——建筑在我们的建造物中最具有耐久性，但移动却是暂时的。然而，进一步研究发现，可移动的建筑事实上一直都非常普遍。或许更令人惊奇的是，这类建筑的实物尺寸和操作目标一直都在不断发展。可移动建筑可以定义为，经过专门设计，使之在场所之间移动，从而能更好地满足其功能的建筑物。在某些情况下，为满足功能的需求，可移动性是非常必要的。虽然预制装配式的建筑变得越来越常见，但它们不一定是可移动的。多数时候，这种预制装配的方式只是出于施工质量和经济方面的考虑，而非考虑到将来有被重新安置的可能。

费斯托公司（Festo KG），充气展馆（Airtecture Air Hall），德国，1999年。

对于移动一个建筑物来说，最直接的策略就是采用整体的运输方式。这种"便携式"方法具有的一个明显好处就是一旦到达新地方，建筑物几乎可以立即投入使用。在这种建筑中，有一些在结构内部整合有运输系统，这种系统可以被看作一个独立的设备层，像动力、通讯、给排水等，这也是操作该系统的一个特殊方面。这种建筑也可能接合了底盘或船体、车轮、车闸或光源等特殊结构来用于牵引。这类建筑最大的问题是尺寸太大，尤其是用公路网进行运输的时候。但当建筑物漂浮时就可能产生出更大型的结构，例如，有许多旅馆并非主要为迁移而设计，而在于利用城市港口附近的设施。

有时较为明显的是，移动设施可以整合看似与可移动性相矛盾的建筑功能。影院动车（Screen Machine）是一种移动式电影院的名称，由高地与岛屿艺术有限公司（Highlands and Islands Arts Ltd，简称"高地艺术"，Hi-Arts）运营。为了服务于苏格兰偏远的乡村社区，该公司于1999年建造了第一座影院——一辆特定构造的货车，由于预算紧张，又要实用性地建造一个可使用的移动观众厅，所以最终选择了这个折中的办法。结果，利用可拉式活动空间形成的观众厅需要花几个小时来装配，并需要进行持续和精心的维护。虽然该设计中存在限制因素，但是电影院被一直使用着，并且证明这一概念是成功的。在2001年它被调派到波斯尼亚4周，为在那里服役的英国军队提

图坦卡蒙公司，影院动车2号，英国，2004年。

图坦卡蒙公司，影院动车2号，英国，2004年。

供娱乐，甚至还为一系列会议和直播活动提供场地。随后，这个设施就被用在一些不需要频繁迁置、更为固定的场合中。

高地艺术求助于法国的车厢式建筑公司图坦卡蒙（Toutenkamion），希望生产出一种改良型的版本来替代这个有价值的资产。这家公司在建造包括移动影院在内的建筑物/车辆特制复合体方面具有多年的经验。新的影院使用铰接式挂车的形式，可用于道路所达的任何场所。当拉伸货车两侧形成倾斜式观众厅时，新影院就坐落在提供坚固基础的液压支柱上。入口坡道和踏步独立设置。不到1小时的时间，100多个座位就被装配完毕，影院动车2号即可完全使用了。与传统的影院一样，在这里人们能够体验到相同的品质，如宽屏、环绕声和空调设备，这是它成功的一个重要原因，因为自家庭影音技术改进后观众就不再愿意接受低品质的效果。以高地艺术模型的成功为基础，英国国防部现在已经将自己的移动影院投放到有英国军队部署地点进行使用。

由于MV Resolution专用安装船属于漂浮设施，所以体积可以比车轮驱动的结构更大。这个重14 574吨，长135米的移动设施一部分是船，一部分是工厂，而另一部分则是旅馆，它经过特别设计用来安装近海的风力发电汽轮机。它由中国山海关造船厂建造，是一个既有漂浮的船身，又有基地的复合结构。变型体可以在自身动力的驱动下

沙滩怪兽

西奥·詹森，荷兰，2003—2005年。

沙滩犀牛运输器（Animaris Rhinoceros Transport）是艺术家西奥·詹森所创作的"沙滩怪兽"移动雕塑中的一个。它拥有覆盖着聚酯表皮的钢骨架，看起来像是镀上一层来自它所处沙滩的厚沙。虽然它高4.7米，重两吨，但只要一个人就可以启动这个"怪兽"，风足够大时它还可以自行启动。沙滩犀牛运输器是詹森所建造的一系列"进化的"沙滩动物中的一个。它们都是用支柱而非轮子，更方便在如沙滩这样松软的表面上移动。

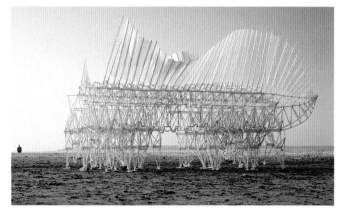

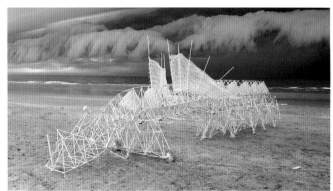

移动住宅单元
(Mobile Dwelling Unit)

LOT-EK公司，美国，2003年。

纽约LOT-EK公司所带来的移动住宅
单元（MDU）不仅是一栋建筑物，
还是探索一种完全不同住宅形式的
理念。MDU的原型以ISO标准的集
装箱为基础，是一个配备齐全、可
以用现有国际化基础设施（火车、
轮船、卡车、吊车等）以密闭形式
运输的住宅。当移动住宅单元到达
指定位置后，就被安置在一个可以
提供基础设施支撑的标准框架中。
维护、起居、睡觉和储藏单元从各
个侧面推出集装箱外，为日常生活
空间释放内部的区域。

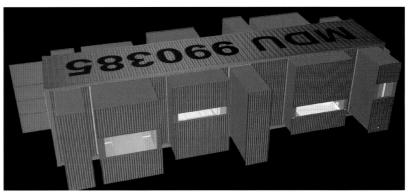

MV Resolution专用安装船，中国，山海
关造船厂，2000年。

MV Resolution专用安装船，中国，山海
关造船厂，2000年。

行驶至它的工作目的地。到达后，它通过利用自己的主推器和3个较小的前浆助推器，采用一种特殊的框架把汽轮机安置到位。然后放下它的液压支柱，便形成一个坚固的工作基地，其中每个支柱拥有2500吨的抬升能力和5000吨的支撑能力。在这个基地上，锤子可以通过操作将汽轮机的柱础打入海床。一旦从海床中竖立起来，变型体就能保持完全稳定以经受任何天气的考验。在船上和与其首要任务相关的工作间里，有为35名船员和其余35名施工人员提供的居住和休息设施。

对可移动建筑设计来说，更为灵活的方法就是创造出一种设施，它能以有限数量的专用部件运输，然后在现场迅速安装。这种"可卸载"策略能够创造出很多不同的建筑样式，然而更为重要的是，它对建成建筑的尺寸或地理位置都没有限制。这种建筑既可以是大型而复杂的，建筑功能也可以包括从移动管理中心到音乐厅的任何一种。但这种方法的不利方面是建筑物无法像便携式建筑那样快速投入使用，它的装配过程更慢，成本也更高。即便在设计中使用自动装配设备（如液压技术或其他机械系统）能减少装配时间，但它也必须由经过训练的专业人员使用特殊工具进行装配和拆卸。装配和拆卸越频繁，零件部分的损耗就可能越严重。在不同建筑构件的连接处，通常需要有特殊的节点来保证不受气候的影响。

一级方程式赛车是一种极富魅力的巡回运动项目，它以高科技

TAG麦克拉伦，西麦克拉伦梅塞德斯车队信息中心，英国，2002年。

的形象而广受人们的青睐。当每个赛季到来时，由车手、机械师和管理者组成的车队在大批记者、电视工作人员和普通追随者的陪伴下，一圈圈地进行环球巡回比赛。一级方程式赛车的公共宣传相当重要，赞助商们为了见证他们投入的大笔资金，所以要求车队有最高的曝光率。在每个巡回赛场都会有一个围场，车队临时驻扎在此与主办方和媒体进行交流。在这些经过特别设计，像车厢一样的交通设施中，容纳了车手设备区、机械师工作区、会议区、车队策略办公室、会议室，以及为进行公共关系活动和来访记者所用的媒体基地。

　　TAG麦克拉伦公司总是最先开发出先进方法来解决为运作的移动建筑提供一种恰当的尖端高科技形象问题。在2002年的赛季，他们采用了一种全新方法来解决这个问题。他们创造出一个真正的建筑物——西麦克拉伦梅塞德斯车队信息中心（West Mclaren Mercedes Team Communications Centre）——来取代以大巴车为主的混合型交通工具，该中心可以分解成11个不同的部件，放在6辆载有安装设备的卡车上进行运输。其中所应用的主要策略是将8个一组的箱体仔细放置在每个国际汽车大奖赛场地严格限制的空间中。每个箱体都有自己的液压支柱，用来抬升到运输它的卡车上面，然后在箱体降到最低高度之前收回，其后的箱体并排放置，并通过液压连接器水平拉长，精确并排在一起。箱体中有两个位于较高层，也可以采用液压从基地抬

充气帐篷
（Air Camper）

充气设计公司，英国，2005年。

个人帐篷是一种非常受欢迎的休闲产品，或许也是一种最常见的移动防护所。虽然膜和（杆件）的材质有所改进，但它的设计在近100年里并没有进行根本性的改变。但对于气动帐篷而言，充气理念是建立在广泛使用与汽车相结合的防护所基础之上的。和汽车捆绑在一起，并将汽车用作充气动力来源，这不仅改变了防护所的结构观念，还改变了它的形象。

大M展厅 (Big M)

充气设计公司，英国，2005年。

弹力堡是一种常见、便宜、可充气的结构，因此它的设计就受到产品经济性和价格适中等要求的限制。在大M展厅中，充气设计公司采用了相同的技术，但又有所改进，创造出一个更不一般的建筑物。这个为可移动数字艺术展而设计的建筑由1辆货车运输，3个人进行安装和装配。它由3块系在一起的相同面板组成，创造出一个整体的环境，复合的形式使空间在结构上保持稳定。在漆黑的室内，展示内容通过平面屏幕加以显示。

TAG麦克拉伦，西麦克拉伦梅塞德斯车队信息中心，英国，2002年。
从阳台俯视围场；中庭室内；屋顶空调板。

优尼派特结构
（Unipart Structure）

充气设计公司，英国，2004年。

这是英国充气设计公司所设计的最大的充气体结构，长25米，高8米，由两个截去顶端的相同圆锥体组成，并在中心部位连接。虽然在外形上它给人的印象是一种完全靠充气的建筑，但事实上它是一个复合体——钢索支撑的细金属网架支撑着中间的部分。这使它的结构建造起来更加经济，因为相似尺寸的充气梁对性能的要求更高，结构部件也会更加昂贵。

起，最后的构件是一个形成封闭中庭的预制透明锥形顶。整个建筑可以由8名工作人员在短短12小时之内装配好。它包括一个十分精密的通讯系统、完备的电力设备、空调系统和给排水系统，所有这些系统都可以脱离外部设备独立运行。

英国哈雷南极研究基地在发现臭氧层空洞的地区开展重要工作。它坐落于布伦特冰架（Brunt Ice Shelf），这里的冰层有150米厚，但冰架不是静止的，它以每年0.4千米的速度向北漂行，直至撞到冰山群中。因此，在2004年举行了一次新基地的竞赛，并计划在2008－2009年度取代原来的基地。这个建筑必须可以抵挡冬季－30℃的气温，对南极洲原始环境产生最小程度的影响，而且是可以移动的。虽然那将会是一个相对稳定的平台，但确实令人担心的是基站正下方的冰层会因剧变而发生崩溃。建筑的可移动性是非常重要的，因为这样一来，它不仅可以在远离基地的地方进行整体建造，而且如果冰面条件迫使它需要移动时（或者当冰面条件允许时），它可以被重新安置。在86个入选的参赛作品中，有6个成为最后的候选作品，其中3个获胜者获准预先考察基地，以便深化他们的方案。在2005年9月敲定了哈雷6号的最后方案——由费伯·蒙塞尔有限公司（这是一家由国际工程师组成的公司，他们设计过的南极设施比其他任何人都要多）与休·布兰顿建筑师事务所

休·布兰顿建筑师事务所／费伯·蒙塞尔有限公司，哈雷6号南极基地，2005年。

休·布兰顿建筑师事务所／费伯·蒙塞尔
有限公司，哈雷6号南极基地，2005年。

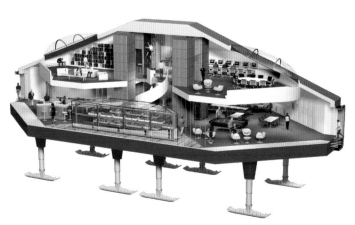

合作设计。

　　他们的设计基于一系列以雪橇为基础的独立建筑模块，一旦使用者的需求有所改变，积雪过量或冰架情况改变，就可以轻易实现设施的迁置与重新排列。最大的模块被放置在中间，包含了操作、通讯、进食和休闲，以及一个双层高的无土栽培空间。其他模块有工作间、睡眠区和动力设施。模块是轻质的高度绝缘密封单元，坐落在支柱上以减少积雪。可互换的雪橇允许通过履带车来重置模块。气流采暖、低耗能照明和家庭设备将使用热电联产源来作为支持——这一点十分必要，因为设施中运作的机器数量较多。节水也很重要，因为把雪转换成水需要能源，同时也考虑到对环境的影响。干净的废水和干燥的固体物质将通过使用生物消化剂来取得，作为供应链过程的一部分，它们将被从南极洲清除出去。

　　核心模块框架将被海运到南极洲，卸载到它们的雪橇上，并由履带车拖运到基地。用于较大模块的挂板和骨架通过机械进行固定，确保建筑最终拆解时可以轻易拆卸。外壳完工之后，装配工作可以在保护壳内持续整个冬季。设计师将地球上最高要求的建筑性能标准结合进这个可移动建筑的策略中，这种策略还可以为在远离英国16 000多公里的地方度过大段时间的工作人员提供一种真正的舒适感和认同感。

　　可移动建筑最为灵活的形式会在建造中采用一种具备多种不同装

维泽赫文庇护系统开发有限公司，联合国沙漠营地，加拿大，本那比。

维泽赫文庇护系统开发有限公司，俄罗斯北冰洋法兰士约瑟夫地群岛的移动帐篷，加拿大，本那比。

配方式的组合系统。这个"模数"系统有很多优点。建筑能以变化的形式和布局装配，从而适应功能转变和不同种类、不同尺寸的基地。因为由更多的构件组成，因此建筑可以分解成更小、更紧凑的部件，最终使得运输更加方便有效。使用标准化的构件意味着，装配将减少对成套配件理念的依赖，在这种理念中，每个部件必须有一个对应的连接件。这种方法还可以避免延误，因为一旦发生损坏就可以使用备用的标准件。但这个系统依然也会存在问题。因为部件数量众多，装配和拆卸就可能非常复杂，这就需要有更多数量的接点和接缝。在要求更庞大装配团队与更长装配周期的同时可能还会需要详细的方案和操作指南，这就会导致发生错误的可能性提高。因为结构件相对较小且数量众多，所以建筑不适合采用省力、省时间的自动装配系统。

总部设在加拿大不列颠哥伦比亚省本那比市的维泽赫文庇护系统开发有限公司（Weatherhaven Resources Ltd.），可以在短时间内提供放置在世界任何角落的可移动建筑资源。它们的便携式、可拆卸、模数化、可移动建筑通常被用在偏远甚至是极端的场所，作为研究、勘探或工业化操作，如采矿业。它们的设备通过使用组件化建造系统创造而成，这种系统看似简单，实则复杂，使一系列基本建筑类型的建造可以采用定制的方法。便携式移动工作帐篷可以拖拽在车后方的轮子或雪橇上，这使帐篷在一天甚至几小时内就可以被重迁移到

维泽赫文庇护系统开发有限公司，北极营区，加拿大，本那比。

维泽赫文庇护系统开发有限公司，庇护设施的装配，加拿大，本那比。

流动教室（Mobile Classroom）

未来系统（Future Systems），英国，伦敦，泰晤士河畔里士满（Richmond-on-Thames），2005年。

2002年的"英国政府未来教室"计划寻求创造出一种新型的校园流动建筑，用来结合工厂生产方式与教学环境中的最新创意。这些舱体创新性地取代了那些传统的流动教室，这些教室占据着操场，使校园时而变宽阔时而变狭窄。它以一种椭圆形的糖果命名，孩子们用同样的名字昵称它为"滴一答"（tic-tacs），建筑物的结构外壳由玻璃纤维和软木制成。建筑功能中有独立的采暖和卫生设施，其中卫生设施必须与主排水系统相连。

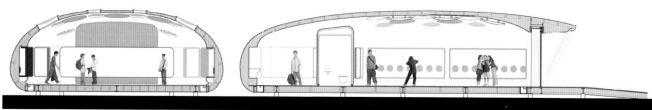

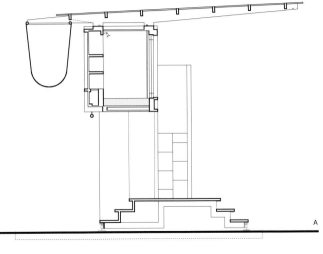

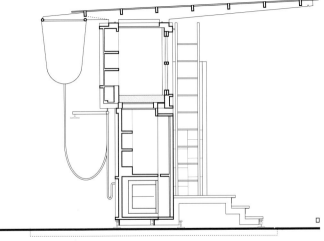

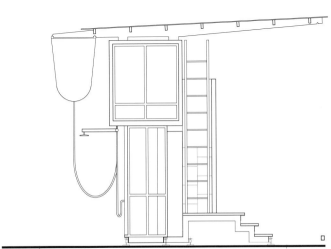

度假小屋（La Petite Maison du Week-end）

帕特考建筑师事务所（Patkau Architects），美国，俄亥俄州，哥伦布市，1998年。

这个项目是为探索一种最小限度、可持续、自足居住方式而设计建造的，用于俄亥俄州哥伦布市维克斯纳艺术中心的装配展。这座建筑能被拖往任何车辆可达的场所，在那里被打开至展开状态。它由实心杉木层板制成，关键接合处用钢材加固，组成部分包括外壳、卧室阁楼、厨房和卫浴混合间。水源从屋顶进行收集，而用于照明、高效冰箱和卫生间小型风扇的电力则通过光电反应来获取。

另一个地方。可拆卸的移动可扩展集装箱帐篷以一个ISO标准的船舶集装箱作为基础，可以在标准车辆上进行运输。当它安装到位时，侧面就会打开，一个膜状帐篷可以覆盖住3倍的地面区域。建在集装箱中央的固定设备即刻可以进行使用。

但维泽赫文庇护系统开发有限公司生产的主要结构还是一种以帐篷形、拱形框架建筑为基础的模块化系统，其上可附加保温地板、悬挂天花板、室内分隔和包括整体空调在内的各种级别的环境设备。为便于货运、海运及空运，所有建筑都设计成适合标准集装箱的尺寸。客户可以安排专业人员来装配这些设备，这样一来他们只需走进这个完全可操作的结构中即可，或者也可以得到一整个包括一套操作说明的建筑包裹，在送抵后自行装配。该系统包括用于动力、供水和排水的整体维护设备，可以在脆弱环境中进行操作而不对环境造成影响，在这里，包括所有废弃品在内的每一件海运进来的东西都将被海运出去。这些构件被设计成人力可操作的重量和大小，这样一来就不需要配备重型机械。它们也能够被用在不同的方案中，以取得最大化的效能。因此，如果该系统还能加入其他恰当的保温、通风和供暖配件，那么相同的基本外壳就可以同时适用在炎热和寒冷的气候中。

另一种创造模数化流动建筑的完全不同的方式，是将用在多种场合的标准部件与数量有限的特定部件相结合进行专门设计。安藤忠雄

坂茂，游牧博物馆，美国，纽约，2005年。

轴测投影图

坂茂，游牧博物馆，美国，纽约，2005年。

剩面

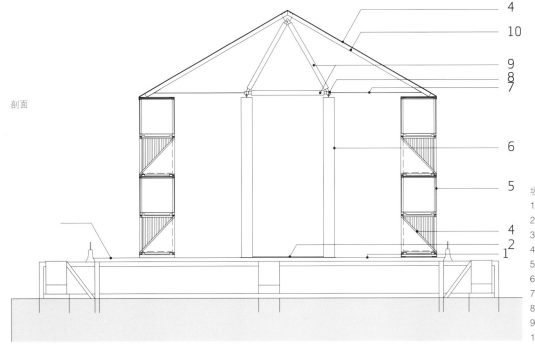

坂茂，游牧博物馆，美国，纽约，2005年。

1. 碎石
2. 木栈道
3. 既存码头
4. PVC防水卷材
5. 船运集装箱
6. 直径76厘米的纸筒柱，2.5厘米厚的墙
7. 水平支撑：钢索
8. 槽钢撑杆，28厘米×19厘米
9. 30.5厘米直径的纸筒桁架，2.5厘米厚的墙
10. 钢椽，17.8厘米×25.4厘米

UK1998节日展亭
（Festival Pavilion）

克莱恩·戴瑟姆（Klein Dytham），
日本，1998年。

这个移动展亭活动的赞助商之一是维珍航空公司，该活动推进了在日本举行的为期一年的英国主题文化系列活动。这个结构由5个独立的元件组成，可以被装配成许多不同的形式。云状屋顶（具有凸出的维珍尾翼）由铝制框架进行支撑，当需要私密性或防护恶劣天气时，半透明墙体可以闭合。底部的盒子座位提供了该结构的基础。

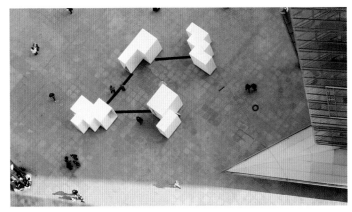

公共艺术实验室／格鲁勃与波普建筑师事务所，移动博物馆，德国，2004年。

在他1987年为下町唐座剧院（Karaza Theatre）所作的设计中实现了这种方式，这座建筑物主要由标准脚手架构件建成，附加了剧组的红色帐篷顶、支柱和舞台背景。2005年，坂茂为国际摄影艺术家格利高里·考伯特（Gregory Colbert）艺术巡展实施了一种全新的建筑理念。2002年，当考伯特的展览"尘与雪"（Ashes and Snow）在威尼斯双年展上展出之后，人们建议他将展览整体重新安装到其他城市中去。坂茂建筑所放置的第一个地点是美国纽约哈德森河畔的曼哈顿码头。游牧博物馆（Nomadic Museum）使用了一种标准化的全球通用部件——船运集装箱。148个ISO标准集装箱堆栈在自支撑网架中，由移动的起重机进行装配，形成一个大体量的临时建筑——拉索结构、填充墙和屋顶组成建筑的围护体系。在内部，一条侧边铺有河石的木栈道指明了参观路线，考伯特的摄影作品被悬挂在辅助支撑屋顶的纸筒柱之间。当展览被转移时（其他目的地包括北京和巴黎），部件由14个ISO标准集装箱进行海运，而剩余134个集装箱则取自于场地附近。

便携式、可卸式和模块式这三种可移动建筑策略中的任何一种都可以被用于一系列广泛的建造形式。一种建造形式是由预装配、工厂制造的"空间"构成，这些"空间"作为完整的建筑物或建筑物部件进行运输。这种产品类型最初是作为一种配套棚屋出现的，如今则可

FTL设计工程学工作室，卡洛斯·莫斯里
音乐亭，美国，纽约，1991年。

结构平面图

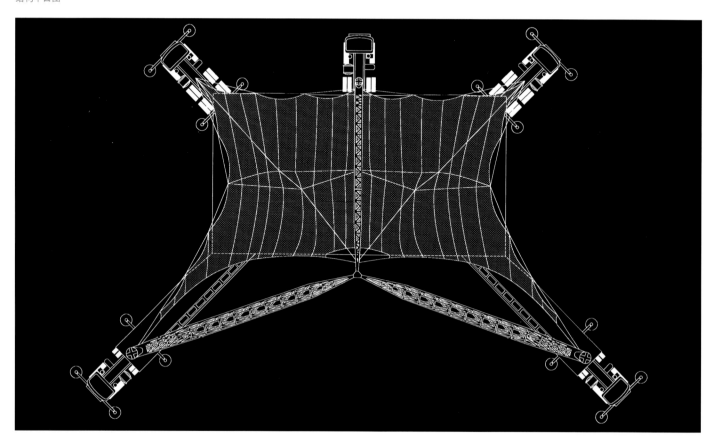

FTL设计工程学工作室，哈利·戴维森（Harley Davidson）机械帐篷，美国，2002年。

装配程序

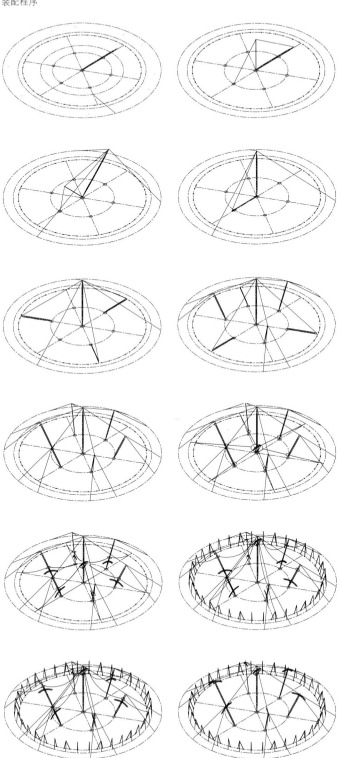

以满足许多功能。当"无墙"结构被创造出来时，这种建筑就能装配成更大的建筑物。它们还可以和内置设备与内外涂层一同生产出来，这就提高了配置速度，减少了建造时间。然而，运输这些大型的内空体块效率低下，且较为昂贵。另一种建造形式是平板式。平板式建筑物需要刚性表面，但重新安置时能拆卸成层压面板，从而提高运输效率。因为一系列不同的形式可以设计到装配系统中去，所以外部与内部表面涂层就可以在工厂制成，在成品中创造出更为复杂的造型。然而由于不在工厂的控制之内，所以就需要更多现场安装的时间，连接处的细部设计也就更为关键。

柏林的艺术组织"公共艺术实验室"（Public Art Lab）和格鲁勃与波普建筑师事务所（Gruber+Popp Architekten）一起，于2004年完成了移动博物馆（Mobile Museums）的项目。这座博物馆的基础理念为相对普通的"建筑"（如电话亭）能够改变公共空间的性质。设计师创造出一组管状的空心体块结构，可以由货车运输，再由标准的叉式升降卡车卸载并重新装配。这些建筑物临时设置在城市广场等人流密集的城市场所中，并形成合作艺术家们的中心，艺术家们接管了这些建筑物和介于其中的空间，用于雕塑、活动以及表演。

帐篷或许是最常见、最原始型的可移动建筑，最近的材料创新已经大大拓展了它们的性能。改进后的可张拉材料柔韧性好、强度高、

生态实验室（Eco Lab）

移动设计事务所，美国，洛杉矶，1998年。

建筑师詹尼弗·西格尔（Jennifer Siegal）为一个非营利性组织——好莱坞美化小组设计了这个可移动的教室。这个小组向洛杉矶学校的孩子们传达环境保护和可持续问题的思想。伍德伯里大学（Woodbury University）的学生们以一部货车挂车为基础，用捐赠和回收得来的建筑材料建起这座教室，这是一个将标准车辆转变为可移动建筑的范例，它表现出如何能采用廉价和适应型的材料来建造出有趣而灵活的建筑。

便携式施工培训中心
（Portable Construction Training Center）

移动设计事务所，美国，洛杉矶，1999年。

便携式施工培训中心是一个可移动的教学工作室，现场教授管工、喷涂、木工、石膏工艺和电气设备安装等课程，在同一片场地中，实际的建筑施工也正在进行。这是为非营利组织威尼斯社区住宅公司（Venice Community Housing Corporation）所建造的建筑，它完全是由伍德伯里大学的学生用捐赠、回收的建筑材料建成。到位之后，建筑物可以敞开形成一系列走廊，每条走廊中都备有相应的工具与设备来用于一种不同的技术课程。

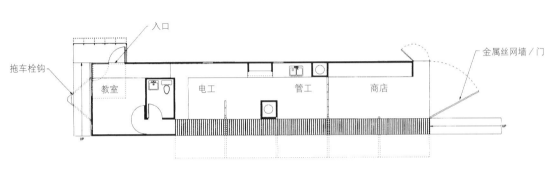

平面图

瓦尔哈拉（Valhalla）

鲁迪·伊诺斯（Rudi Enos），英国，谢菲尔德，1999年。

瓦尔哈拉系统是世界上最大的帐篷形结构，它由鲁迪·伊诺斯设计，英国传动住宅结构公司（Gearhouse Structures）经营。这是一个模数化的建筑，可以根据要求装配成各种不同的形式，最大可以覆盖的面积为20 352平方米的地面。建筑共使用了20根桅杆，每根高24米，它们支撑着帐篷和无数的背景，灯光和特殊效果设备。这座建筑物并不需要外部起重机来进行装配，因为它采用自己内置的动力绞盘来抬升膜结构，这些膜根据活动要求可以变成半透明或全黑。

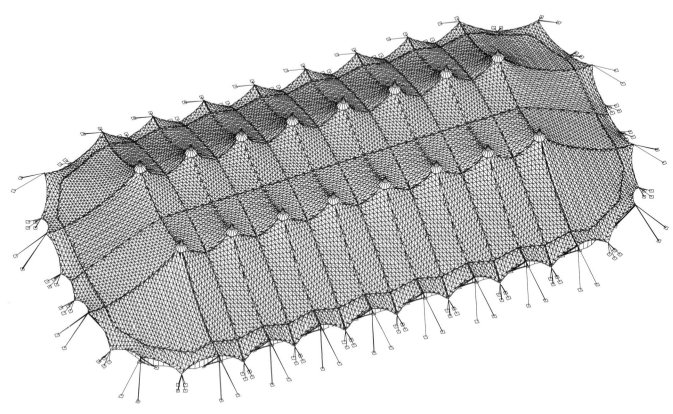

不受环境干扰，可以采用先进的CAD设计方法进行制造，由这些方法制造而成的高效结构能利用较低的建筑体块来围合巨大的空间。双层膜同样可以令这些结构更具有环境的高效性，同时更丰富的透明度及表面处理也能创造出不同特性的室内空间。在商业用途方面，张拉膜可移动建筑已经得到了广泛应用，但为了能有专门的建筑设计使建筑性能得到进一步发展，人们仍然在对这种建造形式进行不断的探索。张拉结构用支柱和钢索作为支撑，能创造出许多富有想象力的优美造型。

FTL设计工程学工作室已经创造出很多的张拉结构建筑物，以满足从零售开发与会议厅到观演建筑等丰富的功能要求。其中最重要的建筑之一要属卡洛斯·莫斯里音乐亭（Carlos Moseley Music Pavilion），它始建于1991年，直到现在仍处于正常使用中，在纽约的很多公园中每年都被用于一系列古典音乐的户外表演。它的设计概念是创造一种可以提供各种设施的结构，能使室外表演实现音乐厅般的品质，并能容纳更多的观众。这个设施由21米高的三脚架结构组成，架在5辆标准平板货车上。这个三脚架支撑着有PVDF（聚偏氟乙烯）特氟隆涂层的聚酯膜，为表演提供了一个生动的背景，夜间照明时尤为如此。更重要的是，它还提供了一种半刚性的挡雨棚和声音反射器，将音乐传射给观众。音乐厅的音响效果采用经久不息的回音系统

费斯托公司，充气水族馆，德国，2001年。

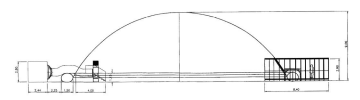

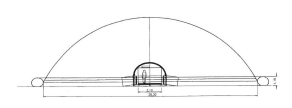

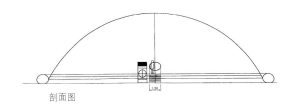

剖面图

来反复加强，这种混音效果通常只能在室内听到。

FTL设计工程学工作室为哈利·戴维森2002—2003年巡展设计的机械帐篷是一个用来纪念摩托车诞生100周年的展示建筑。它在外形上令人回想起传统的单柱帐篷，但实际上共有7根桅杆——中央的1根主桅杆和周围的6根次桅杆形成平面上的六角形。尽管这个结构直径达50米，但它却并不需要采用额外的设备来进行装配，仅用金属丝将绞车和桅杆连接起来，就能将部件抬高。桅杆还能用于承载与展览有关的灯光和信息设备。该建筑的一个重要特征是它必须适用于所有巡展国家的安全与施工规范（包括澳大利亚、加拿大、墨西哥和日本）。这个问题常常会给那些以全世界为目的地的可移动建筑增加设计的复杂性。

另一种还有张拉膜的设计形式——充气建筑，它同样可以创造出生动的视觉效果。充气支撑的建筑物利用变化的气压来支撑围合结构，有时也可以结合钢索进行支撑，但通常不使用任何其他压杆。有两种充气支撑结构：低压与高压。低压建筑物通过围合稍微高一点的内部气压进行运作，不易引起使用者的注意，这就保证了建筑外壳能维持形状——低压建筑物的出入口必须设置气锁。低压充气支撑建筑能够采用丰富的形式，而大部分有着较大的跨度，这正是选择这种结构的首要优点。这类大型可移动建筑物可能较难实施，因为它需要在场地上移动面积巨大、连续的膜结构，而且在维持结构运作的大型密

费斯托公司，充气水族馆，德国，2001年。

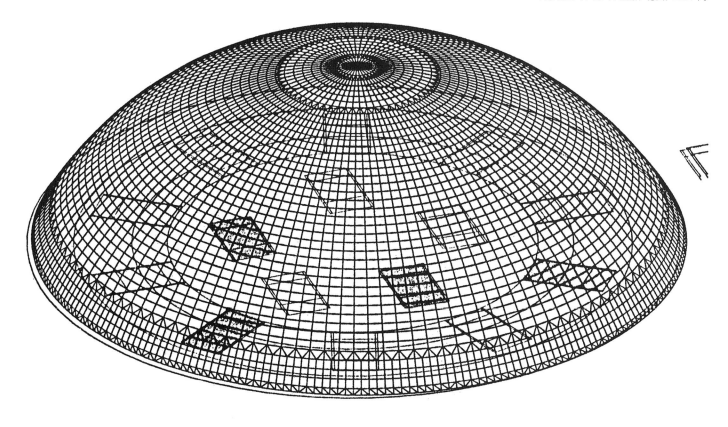

费斯托公司，充气展馆，德国，1999年。

封接口方面也可能遇到问题。

高压建筑物运用了充气梁在膨胀时会具有刚性的原理。长久以来充气梁一直有这样的问题，即除了小型建筑物外，气压总是极高以至于接口不可靠。然而，在材料、设计及制造方面的最新进步也产生出大尺寸的实体建筑。相比低压建筑，选择这些结构具有显著的优势。建筑物可以用更小型的部件运输，建筑外壳可以独立于结构之外，不需要很长的密封接缝，入口不必使用气锁。所有这些优点都令安装和调配更为快捷；然而一旦许多梁被同时刺破，就存在如洪水般快速崩塌的危险。

费斯托公司是一家专门从事充气操作系统、电力工业机器人制造技术的国际公司。他们公司的设计部门是一所专门为公司已开发技术寻找新用途的"创新理论"研究实验室。其中就包括了采用低压和高压充气膜进行的建筑与建筑物设计。充气水族馆（Airquarium）（2001年）是个直径32米的充气支撑穹顶，它被用作一个单独体量的移动性展示和活动空间。它所采用的新型膜材料Vitroflex以高度半透明，以及自身化学组成的安全性而著称——假如着火，它只会释放出无毒水蒸汽和醋。建筑物周围由一个灌水圆环所环绕（因此得名Air-quarium）和限制，并可以通过2个小型的标准集装箱运输，其中一个装穹顶，另一个则是提供支持的气泵设备。

静修屋
（The Retreat）

巴克雷·格雷·也欧曼（Buckley Gray Yeoman），英国，2004年。

移动式度假屋是十分普遍的"临时"建筑，遍布欧洲和北美乡间——它们是一种受欢迎，然而通常引人注意的发展形式。为了寻求改变这种情况的办法，许多设计将大篷车作为实际的可移动建筑来对待，其运用高品质的材料，以可持续和低耗能作为原则创造出现代空间，静修屋便是其中之一。

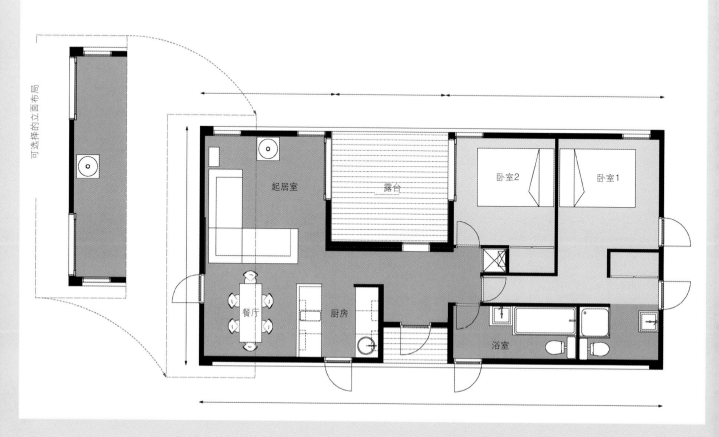

移动工作室
(Mobile Studio)

**坂茂建筑师事务所，蓬皮杜中心，
法国，巴黎，2004年。**

因为蓬皮杜·梅斯的设计过程需要为
期3年，而在巴黎租借工作室会十分
不经济，所以坂茂建筑师事务所在皮
亚诺与罗杰斯这座著名建筑的6层露
台上，设计了一座临时的纸建筑。这
个建筑物由日本庆应义塾大学（Keio
University）的学生提供样品，巴黎
当地的建筑学生负责建造，它计划在
坂茂建筑师事务所的3年使用期结束
后，将所有权归还给甲方并择地重新
放置。

费斯托公司，充气展馆，德国，1999年。

　　充气展馆（1999年）是一个用于会议和展示的可移动矩形空间，其中利用了许多创新的高压结构系统。它由三个主要元件组成：由钢索和一系列线型充气臂拉紧的充气"Y"型柱，充气平板墙体和充气屋面梁。"Y"型柱如同21世纪的飞拱，赋予建筑物一种显著的创新品质。辅助拉紧建筑的充气臂是活动的构件，它可以根据外部风压自动放松或收紧。充气平板是20厘米厚的"气垫"，包括在两层膜之间交叉跨越的细线，用来提供低于50千帕（每平方英寸7.3磅）压强时的坚硬度。同样由透明气垫组成的还有不透明墙体之间的窗户区域。12.7米长的屋面梁直径从末端75厘米到中心125厘米不等。尽管被设计成移动的形式，但这个新颖的建筑物在德国埃斯林根公司总部的销路非常好，以至于第二版必须制造为费斯托产品巡展中的一件展品。

　　尽管模数化、空心体块、平板组件、张拉和充气是建筑施工的主要选择，但许多建筑物并不仅仅使用一种单一系统，而是代之以综合运用，以它们各自的优点来解决特定的问题。例如出于安全或私密性的考虑，张拉结构建筑可以运用平板组件来构成围墙。充气支撑的建筑物利用空心体块的结构，不仅可以收纳维护设施如用来充气的泵，还可以是运输过程中用于防护的容器。

　　可移动的建筑通常跨越设计的其他领域，因此经常运用文化和科技的转换。可移动建筑的传统形式是所有建筑设计的根源——帐篷与毡包是典型的建造形式，它们也是棱锥与穹顶移动性建筑的始祖。在众多产品中，最常见的移动建筑物是由英国制造商生产的波塔卡宾（Portakabin）和特瑞宾（Terrapin）活动房屋。大篷车与拖车活动房既是交通工具又是建筑物——作为象征自由的标志性范例，清风房车有限公司的拖挂房车尤其对建筑师和产品设计师产生影响。产品设计师正确地认识到追寻实验方法应从源头来解决问题，所以经常接受这类任务委托。因此，可移动建筑利用了可以在建筑、运输、结构、机械、设备工程和操作物体设计等广泛行业内所见的策略和技巧。汽车设计师和交通工程师同时也习惯于创造建立在一系列常备组件基础上的定制化可移动环境。

但是，可移动房屋仍然是建筑。它与静态建筑有着同样的基本功能，即要通过大量的实践方法和期望途径来满足使用者的要求。它有助于识别场所感，创造永恒的记忆，所以对人们也有着像永久建筑那样的影响效果。虽然场所不一定必须是特定的地理位置，而且建筑也有可能在一定时间后改变场所，但可移动的建筑仍然会具有持久而富有意义的影响。人类的经验充满着回忆，这些回忆来源于短暂的事件而留下永久的形象。可移动建筑极大地拓展了我们对一个场所的体验，以一种直觉和实际的方式帮助我们意识到自己的需求和渴望，而且还通过观察变化来增加我们对于场所意义的理解。可移动建筑可以满足永久建筑的所有功能，有着各种尺寸，从最小的移动棚到巨大的1万座观众厅。它也能在那里存在一天，第二天就移走，这使它可以利用一些环境保护或历史敏感的场地，以一种永久建筑未必能实现的方式为人们带来全新的建筑体验。

交互

人类作为一种物种的成功取决于我们行动和反应的能力——认知和分析情况，并采用适当的方式加以应对。我们并非总能正确完成，但历史已经表明我们做了相当多正确的事情，因为总体趋势是朝着改善我们环境的方向发展。随着科技的不断进步，并对我们的生活产生更大影响，越来越多的精力被投入到自动化系统的发展中，从而使事物更快、更有效地产生。自动化能够采用两种形式：一种会向预定、不可改变的模式实现；而另一种也朝着预定结果实现，但其过程在中途会加以改变。第二种形式可被描述为智能自动化，其主要的不同之处在于它具有一种内在的反应特性。在建筑中，包含智能建筑系统的一些形式正变得越来越普遍。然而，在这个领域中工业并不是引领者，而是尾随在汽车业等其他行业之后。

沃尔诺·索伯克（Werner Sobek），R128
住宅，德国，斯图加特，1999-2000年。

智能建筑的目标是将评估室内外环境的传感系统与建筑系统状况相结合，然后再作用于这个过程，从而获得最佳的运转性能和舒适度。建筑以这种方式与其居住者有效协作，以取得可能的最佳居住状况。智能建筑系统的运作领域是在环境的舒适性、安全性、防卫、私密性、卫生、通讯、娱乐、氛围、能源消费与高效率等方面。这些系统和需求尽管在单体建筑中具有价值，但它们也必须与全球电信、国际互联网、外部设施以及入口和实体通道管理等外部系统相连接。

智能自动化需要两个主要部件：能识别所发生事物的一个传感器；以及实现适当反馈行为的一个制动器。这是系统的最简单形式，但在复杂的布局中可能还会有更多的部件，或许最常见的就是提供界面和维持整体控制的电脑。建筑增强智能的要求源自于人类感官的发展，而这种发展将导致性能的增强和更高的安全性。取得这种效果的方法在于创造出具有更强精确性、可靠性和需要更少维护的系统。其趋势是发展更敏捷、适应性更强的感应器并成组，因而在运行中断的情况下，它们能够运用故障恢复的办法进行自我诊断并校正。带有制动器的小型化、标准化和一体化传感器将花费更少的成本，带来更高的产量以及更广泛的用途。伴随着大众市场媒体和杂志对其发展和实现不断进行报道，这些智能建筑系统已完全踏入成为标准消费产品的进程。

智能建筑系统被用来建造采用自动或直观方式应对用户需要的交互建筑。这种建筑善于接受人们的需要来改变其环境，并且能在现场采用机械装置轻易地实现改变。交互建筑通过感知变化的需要和自动应对，来改变外观、气候或形式。它所使用的感应器能够从个人或群体，从手机、个人数字助理（PDA）或电脑等人们习惯使用的设备中直接获取信号，或者对空气流动或者是温度变化等环境变化进行自动感应。这些传感器所操控的驱动器能引发一系列的效应——例如改变实体空间的运动系统，改变环境的设施，或者改变它们状态的材料。交互建筑使人们与建筑相结合，不是作为被动的生物存在于一个静止条件下，而是作为主动的个体来影响其所居住的空间。

交互建筑最普遍的形式是可以自动改变它的气候环境，以应对由于室外天气状况或居住者、机器的室内活动所产生的变化。室内传感器可以监测温度、湿度，在一些情况下，还能检测二氧化碳的含量。而室外传感器则检测天气状况，包括太阳直射和多云的状态。一般来说，这些传感器会自动使供热和空调系统运行。这些系统作用于房间或区域控制器，它们可以由用户根据其自身的偏好预先进行设定。其他常用的环境控制器都与节能有关——这些传感器在人们离开房间后会关掉照明、停止水源供应、关上室外大门，或者是在不使用自动扶梯时切断电源。未来环境控制器的发展将开始使用预测技术来提高效

电视罐（TV Tank）

LOT-EK建筑设计公司，美国，纽约，1998年。

LOT-EK建筑设计公司由纽约建筑师和艺术家朱塞佩·利尼亚诺（Giuseppe Lignano）和埃达·托勒（Ada Toller）组成。他们的作品采用装置来跨越建筑和艺术的界限，同时，如同建筑设计和室内设计一样，理论设计也是他们作品中的一部分。他们经常利用坚固的旧工业产品作为再创造的基础——在这个案例中，一辆旧石油挂车罐被切割成多个部分来形成一系列可供个人倚躺和观看电视的单间。这件当代艺术品／建筑／装置／设施在2004年迁至纽约的肯尼迪机场。

搅拌器（Mixer）

LOT-EK建筑设计公司，美国，纽约，2000年。

这个项目是为纽约亨利·乌尔巴赫建筑展览馆（Henry Urbach Architecture Gallery）而建造的装置。它由混凝土搅拌机的钵体组成，这个搅拌器被改造成茧状，通过音像装置与外界保持联系，这个坚固的工业形式创造出性能最佳的保护壳体，可以使居住者完全隔离，但通过他们所控制的电子媒体依然能与外界保持联系。

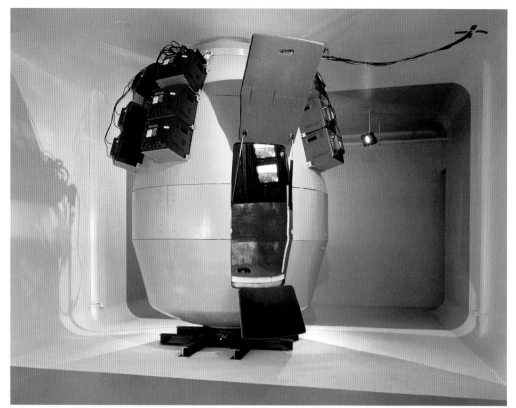

率和准确率。例如，家居系统也许能够在居住者即将回家时，通过他们的手机信号或交通工具联系来进行感知，从而为他们的归来提前预备家庭环境。同样，与个人身体状况相联系的传感器也能够调整环境设置，从而维持舒适的温度和湿度。用于安全和保护的智能系统也是当代建筑的普遍特征——控制警报与应急检修和专用设备相连，以防发生火灾、自然灾害或闯入者。这些功能或许还能够加以扩展，来对居住者进行健康监测，用于家庭诊断和护理。

为了进一步减少能量成本，现在精密传感器越来越常见地与传统被动式能量控制方式相结合来操控机械系统——例如，打开排气口、窗户或天花板来通风，或者采用窗檐和百叶窗来进行遮阳。这种策略正表达出一种可根据用户需求而改变建筑实际形式的交互建筑的形式。对阳光起反应的表面就像人类眼睛的虹膜或是花瓣一样，当发现有私密性的需求时会变成不透明，这种表面不仅对建筑内的居民有用，而且可以充当一种信号，告知室外的人正有事情发生，有活动进行，而且建筑也正在起着作用。

建筑外观是发展产生最快的领域。目前，一些建筑师正在探索针对变化而设计的立面，而不是那种一开始就被设计成由永久性材料构成，具有确定建造方式的静态建筑。既然已经发展出电影移动图像，那么，就可能在夜晚将叠加的图像投射到建筑物上改变建筑。这种技术在激光发展后又得到了提高，以致在白天也能够看到图象，虽然激光投射的类型还只限于相对较少数目的图形形式中。大规格电视屏幕以及更新颖系统的引进，已经可能使建筑在其立面上具有持续变化的视觉图象。然而，值得一提的是，如果在建筑立面上的显示不具有回应观看者的交互元素，那么这些新技术也只不过是继续过去的预设建筑形式。尽管它也许会在观众中引起反应，但是，在立面上进行外部的图像遥控仍然不是真正的交互。

在很大程度上，交互设计采用的形式有赖于实现它所采用的科技系统。基本上可以采用三大基本方式：机械系统，组合非移动系统，以及固态材料。所有这些系统都必须由一些传感器和执行器系统进行激发，而更复杂的系统可能需要单独的控制设备，通常以计算机为基础。矛盾的是，对为灵活性而设计的策略来说，这些方法在一些实际上不大发生变化的设计中反而变得愈发先进。这是因为当物理运动随着所产生变化量而成比例减少时，实现变化需要较少的能量，因而效率增加。

取得自动物理变化的机械系统相对容易理解，因为它们需要发动机、铰链和制动机械，例如齿轮、滑轮、液压传动装置或者气胎等。运动部分需要严谨的结构以达到高公差，并需要设计良好的定期维护。尽管这些因素不会限制交互设计的可能性，但它们却与自动系统

让·努维尔，阿拉伯世界文化中心
（Arab World Institute），法国，巴黎，
1989年。

的概念相反，自动系统在理论上应该可以进行自我监控和自我维护。不过，在这个领域的发展将会继续进行下去。

让·努维尔所设计的阿拉伯世界文化中心位于法国巴黎，其南立面的设计参照了阿拉伯建筑传统遮阳板的形式，并采用了当代技术对它重新进行诠释。这个高60米的建筑是对阿拉伯世界文化和商业的一种展示，它建于塞纳河岸边一个很突出的场地上。其立面采用了一个机械百叶窗系统，它可以像照相机镜头一样进行操控，通过开合过滤光线与热量，对太阳能直接作出反应。

在最近的一个项目工程中，运动部件的数量大大减少，它采用完全不同的机械装置实现了相同的目的。创造出充气水族馆和充气展馆的德国费斯托公司开发出流体肌（Fluidic Muscle）——一个两端带有钢阀的硅涂聚酰胺橡胶管。这个设备是一个无运动部件的执行器，当它采用压缩气体伸缩时会产生线型运动。建筑师兼设计师卡斯·奥斯特霍斯所发展出的概念可以采用该设备创造出可适性的建筑立面（2003年）。这一设计用于遮阳，在材料和维修成本上更为经济，同时在操作上也更具有交互性和动态性。奥斯特霍斯建议将流体肌和可充气的垫子式遮光设备相结合进行使用，安装在建筑外表。每块肌肉能够独立进行操作，使人在不同室内空间体验到不同的环境。这同时也会对建筑的立面特征产生显著的影响，当阳光穿过，或当人们改变

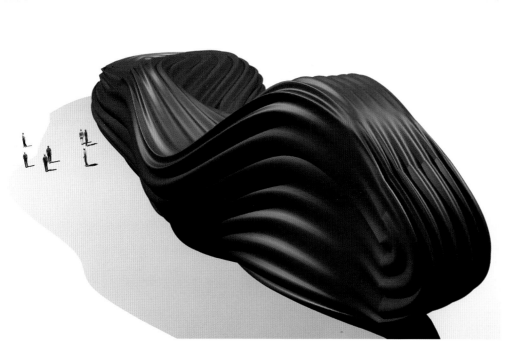

运输（Transports）

卡斯·奥斯特霍斯，荷兰，2000年。

在2000年威尼斯双年展中所展示的这个项目是一种新的建筑类型方案，它建议建筑形式采用一种混合的虚拟/实体形象。奥斯特霍斯提出将建筑的弹性表皮采用内嵌发光二极管（LED）部件和数字化传感器，来创造出一种空间的新类型，这将改变我们和建筑相互作用的方式，它将使我们对它的认识从一个场所转变到作为一种媒介，在这种媒介中，空间不再被固定在位置或维度中。

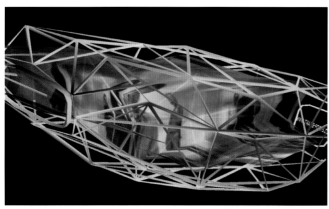

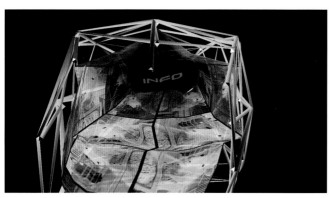

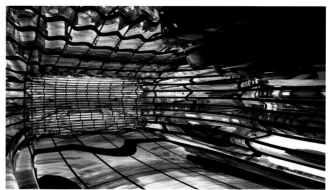

卡斯·奥斯特霍斯，可适性立面，荷兰，2003年。

其对遮阳设备的要求时，它可以不时地产生变化。

通过直接控制或是自动化操控进行的组合固定系统能够采取很多的形式。但其指导原则都在于一旦装配和放到现场，它们就可以不需要建筑部件的物理变化而创造出变化。再者，为了使建筑具有交互性，环境的感知或用户的需求应该引起这些变化，而不是一种由建筑师或其他第三方所创造出的预定模式。正是在这种设计领域中，应用才迅速地从探索阶段发展到正式的实施阶段。

1986年，日本建筑师伊东丰雄在日本横滨建造的一个小型项目例证了建筑的潜在影响，其中采用简单的视觉技术就能够使特征发生改变和变形。"风塔"（The Tower of Winds）是一个水塔和通风井的外罩，它位于火车站入口处，地处汽车、公交、出租车通行的繁忙立体交叉路口。塔楼外覆盖着包含1300盏灯光的多孔金属表皮，当夜幕降临时，灯光会随着不断变化的风向和风力作出反应，从而在繁忙与混淆的场所上呈现神秘而迷人的灯光展演。可以与天气产生交互的人工灯光同样由萨瑟兰·赫西建筑师事务所（Sutherland Hussey Architects）于2004年运用在其创作的"投射白昼"（Daycaster）上，它是埃克塞特城的一个入口雕塑，最近英国气象局（UK Meteorological Office）已经迁移到该城市。这个构筑物是一个40米长的金属翼形态，它可以反射装在地下的LED发出的红、绿、蓝三色光线。附近气

卡斯·奥斯特霍斯，可适性立面，荷兰，2003年。

象局里的天气信息经过分类，被无线传输给雕塑的计算机，而计算机则将数据转换成一种彩色图案给雕塑24部分中的一个（这些部分中的每个都代表了前一天一个小时的天气）。

让·努维尔于2003年设计了西班牙马德里的"美利坚之门"（Puerta America）酒店，为这个酒店而建的照明项目则是应对于个体而不是环境。酒店八楼大厅墙面所使用的传感器能"察看"到行人的色彩并在墙体表面像变色龙一样反射出他们的倒影。在这种体验中也能捕捉运动：跑过大厅的人将会被记下简洁的条纹，而站立不动的人则会显示出一幅强烈得多的彩色图象。

虽然，我们习惯采用视觉的方式体验建筑，但它们也能以其他方式，通过我们的其他感官或是随身携带的交流设备与我们产生交互。例如，使用助听器的人能够通过听觉回路在很多建筑中获取信息。荷兰建筑师拉斯·斯普布洛伊克（Lars Spuybreok）是NOX事务所的负责人，NOX是一个创立于鹿特丹的事务所，专门进行媒体、电脑和建筑之间关系的探索性设计。该事务所已经实现了许多项目，这些项目打破了传统建造形式的界线，分析了非固定状态住宅的潜能。1997年，他们在荷兰泽兰的德耳塔展馆（Delta Expo）中为荷兰运输水利部创建了一座水榭。H2O eXPO建筑是"流动"建筑的一种物质体现，其中，墙体、地面和天花板都融入一个没有边界的整体区域。这

伊东丰雄，风塔，日本，横滨，1986年。

伊东丰雄，风塔，日本，横滨，1986年。

萨瑟兰·赫西建筑师事务所，"投射白昼"，英国，埃克塞特，2004年。

是一个迫使个体对建筑作出反应的地方，在某种意义上，人们似乎会穿过变形的空间"坠落"下来。声音居所（Son-O-House）（2004年）是位于荷兰松和布勒赫尔（Son en Breugel）的一座固定艺术装置，它也迫使人们对其作出反应。旋转扭曲的构筑物采用传感器来识别游客们的运动，并产生出相应的声音模式。当游人靠近时，周围的声音会与他们的形象产生反应而变化，尽管响声已经预先由艺术家埃德温·海德（Edwin van der Haide）设定，但是每位游者的体验都是他们自己唯一的，因为他们能够影响响声所采用的形式。

克莱因·戴瑟姆建筑事务所（Klein Dytham architecture）是一所创立于东京的事务所，其工作范畴远远超出了建筑设计的一般定义。他们创作出家具、产品、室内，以及最有趣的建筑工地广告牌，这些作品都试图使公众参与到之后进行的过程中。1999年，他们为开发商VELOQX在东京大型建筑工地一期创作了"皮卡皮卡"（Pika Pika，在日语中为"闪闪发光"的意思）脆饼干广告牌。在大屏幕上印有日语单词"すみません"（抱歉）。在二期中，广告牌经过变形，成为一张带孔的大型半透明金属扩展板，它被充气悬挂在实墙上，在夜晚可以被内部的灯光照亮。"皮卡皮卡"为开发商取得了巨大的宣传效果，所以在2000年，事务所又受委托进行另一项广告牌的设计，这次的客户是维珍航空公司。

NOX事务所，H2O eXPO，荷兰，1997年。

克莱因·戴瑟姆建筑事务所，"皮卡皮卡"立面，日本，东京，1999年。

NOX事务所，声音居所，荷兰，2004年。

对于这个新项目——位于日本东京的iFly维珍墙（iFly Virgin Wonderwall），他们想加入一个真正的交互设备，因此他们的创造理念是安装一个20米长的纸带状LED，它在全天每小时都会询问不同的常识问题。路人能把他们的答案用短信方式发送到维珍的网上，并且每小时所有回答正确的参加者都可以参加奖品抽签——最后的胜者通过简讯进行通告。这是移动电话技术首次被运用到这种特定位置的交互方式中来。自此，这种类型的交互就变得更加普遍，而且在未来肯定还会变得更加成熟完善。能够使用全球定位卫星技术的芯片正进入大规模的生产，从而使其单位成本显著降低。这已经使移动电话变得更具定位敏感性，并开启了自动激发智能信息和控制系统的能力。

1999—2000年，工程师兼设计师沃纳·索贝克（Werner Sobek）为其家庭建造了一座案例研究住宅，对当代建筑的技术范围进行探讨。R128住宅是一个钢和玻璃构成的立方体，坐落在德国斯图加特谷边缘的山坡上，并凸出于城市上方的空间。其结构是一个拴在一起的模块化钢框架，经过设计可以完全重复使用，建筑所有侧面都有悬吊的连续玻璃墙体。所有部件都能够拆开，重新使用在相同结构或全新的建筑设计中。该住宅采用没有隔墙的开放式平面，所有电线和管道工程都暴露或隐藏在容易移动的叠层金属罩下，甚至浴室都装在轮子上，以便使最小的努力就能进行必要的改变。住宅经过设计，可以能源自给，其所装配的三层密封玻璃采用了一种之前从未应用于住宅的商业系统。热泵系统与12 000升的水箱相配合，通过顶棚板来平衡季节性的温度变化。在屋顶上有48块太阳能电池组件，总共能产生6.72千瓦的电量——任何多余的电量都被返回国家电力网。通过传感器和一个互联网监控的电脑系统来完全控制住宅中的大多数设备。这座建筑并没有锁或开关：前门通过一个语音识别系统来进行操控；环境照明、供暖以及窗户都通过一个触摸式的自动操控屏幕来进行完全的控制；同时，像任务照明和水龙头等系统则都由红外传感器来进行操控。R128住宅是一项前瞻性的实验，它具有一种不妥协的建筑特征，所宣传的是明显的科技美学和功能机会。其透明、最小化、无装饰的形象也许并不适合每一个人，但在这种情况下，它却能够最有力地表现出其所蕴含的概念。

索贝克设计了一个后续的样品项目——R129住宅，这座住宅继续使用最少的材料、完全可循环及能源供应自足的理念。这一理念通过使用新型材料来实现交互性，这种材料基本固态静止，但仍然能根据指示或是情况发生变化。R129住宅具有一种与电色谱薄片以及太阳能电池相粘合的塑料表皮，这层电色薄片在需要私密或遮阳时，由电控来改变光线的传播，而太阳能电池尽管只是减弱了20%的透射光，但它们仍然提供了建筑物大部分的能源需求。

沃纳·斯托克，R129住宅，德国，2001—2004年。

克莱因·戴瑟姆建筑事务所，iFly维珍墙，日本，东京，2000年。

沃纳·索贝克，R128住宅，德国，斯图加特，1999—2000年。

那么，这种尖端的传感器和控制装置的介入是否能产生一种建筑设计的新方法呢？香港设计师罗发礼（James Law）作为一名"智能建筑"顾问进行实践项目，他所设计的环境在建筑空间和科技之间，尤其是在计算机处理方面取得一种共生的平衡。他已经设计出许多利用回应性技术的创新环境。盈科数码动力（PCCW）旅行零售商店（The Pacific Century Cyberworks Travelling Retail Shop）（2002—2004年）就是他为香港最大的电信IT公司所设计的一个可移动设施。其中充分利用了在公司现有商店和购物中心等其他公共场所中所使用的移动产品展示推车。每辆推车都有一个RF-id（无线电频率识别）标签来进行跟踪定位，此外还有一个微处理器记录了每件售卖的物品以及它们的价格。连同便携式计算器、陈列橱和标识出入口的门洞，整体设施都可以刚好放入一个标准货车内，并能在两个小时内装配起来。

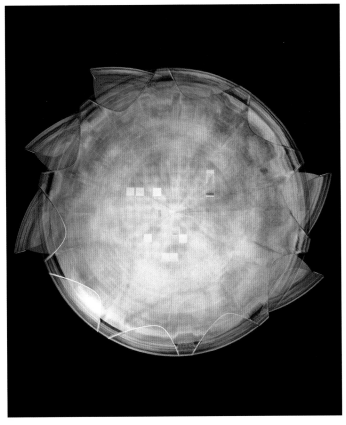

但是，罗发礼最具革命性的项目当属由香港政府委托建造的人工智能媒体实验室（Artificial Intelligence Media Laboratory）。该项目是一个可适应性的人造环境，其外型、构造和特征都可以根据使用者的需求进行改变。从2001年开始，罗发礼的事务所就为此项目设计了一种称作"信号"、以软件为基础的新型人工智能，它通过语音识别、人的外形检测和一个控制器界面来与人们进行交流。随后，这个

托尔瓦宁智能住宅
（Tolvanen Cyber-tecture House)

**香港科建国际有限公司，丹麦，
2002—2004年。**

劳受IBM（欧洲）和托尔瓦宁公司之邀设计一个可以脱离陈规的居住形态，而且能够变型以应对物质与技术的需求。这个项目提出一种动态空间，其中所结合的"滑轨"房间能够根据指示进行重新定位，这些指示通过语音识别系统被赋予一种智能特性（一种虚拟管家）。其前提是住宅的实体空间能够与个人电脑界面一样具有交互性。

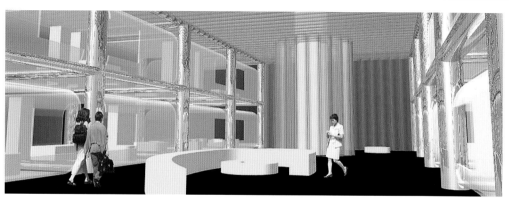

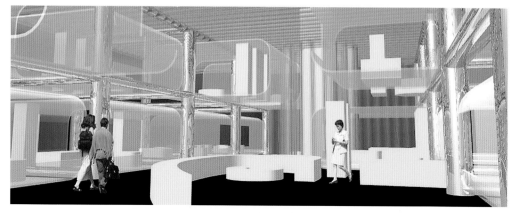

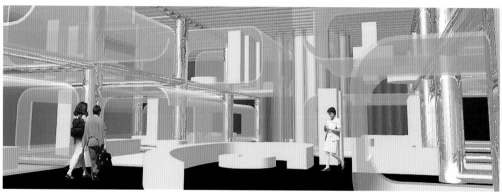

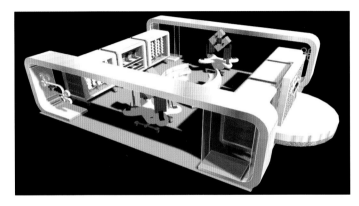

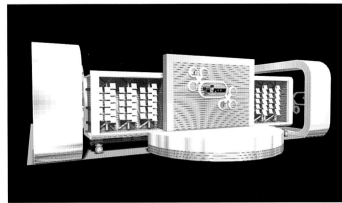

观念发展成为真实环境的足尺交互模型，其中由计算机对机械伺服系统进行控制，来移动墙体、液压地板层和视听系统。它同时还控制着环境与动画设备。

材料创新同样也为交互建筑设计创造出极大的可能性。以透光混凝土（LiTraCon）为例，它是一种结合了穿插70微米玻璃纤维的透明混凝土。这使得实体墙可达20厘米薄，其透明度足以使另一侧可以察觉人和物体。纳米凝胶（nanogel）是另一种透明的材料，它将氧原子装入仅占总体积5%的胶结硅微小球体中。它非常绝缘，而且同时也防水，这使它成为一种极为有用的材料，可以减少需要透明度和高性能立面系统中的热传导。超细纤维复合材料（Macro Fibre Composite）是材料创新的另一例。它是一块非常薄（180微米）的压电陶瓷板，在接通电流时可以膨胀但不会破裂。它被用作遥感器，例如对重要建筑或桥梁结构中的压力发出警示，因为当力施加于平板时，它同样会产生出微小的电荷。

也许智能外墙（SmartWrap）是最具有可适性的创新，它是一种1毫米厚的建筑表皮复合材料，能够根据各个项目来进行定制，从而代替传统的建造结构，同时还可以采用其他广泛的交互方式来进行。智能外墙由费城的基兰·汀布莱克建筑师事务所（Kieran Timberlake Associates）和杜邦（DuPont）科研公司合作创造而成，它以聚酯薄

香港科建国际有限公司，盈科数码动力联合媒体与商亭（Pacific Century Cyberworks Connect Multimedia and Kiosk Shops），香港，2002—2004年。

香港科建国际有限公司，香港特区政府RTHK人工智能媒体实验室，香港，2001年。

2005世博会，克罗地亚馆

马科·戴伯洛维奇（Marko Dab-rović），日本，爱知，2005年。

克罗地亚馆通过赋予游客们一种独特的体验，来向他们介绍这个最近新成立国家与众不同的特性。它试图采用独特的视听与物理转换感应器，来挑战和吸引游客的感官。这个环境研究了从水下环境转化到水面的主题。游客们穿过入口，进入一个变暗的空间，在那里，他们的活动似乎可以激发地下水产生波纹。身处水下世界的感觉通过一个由5个红外线（IR，infrared）照明装置、3个照相机和4个放映机创造而成的视听景观得以加强。当游客们集中到楼层末端时，一个巨大的平台会将他们抬升到水"表面"之上，进入吹着地中海海风和飞扬着风筝的灿烂阳光里。灯光在整个装置变为播放克罗地亚影片的银幕之前随之变暗。

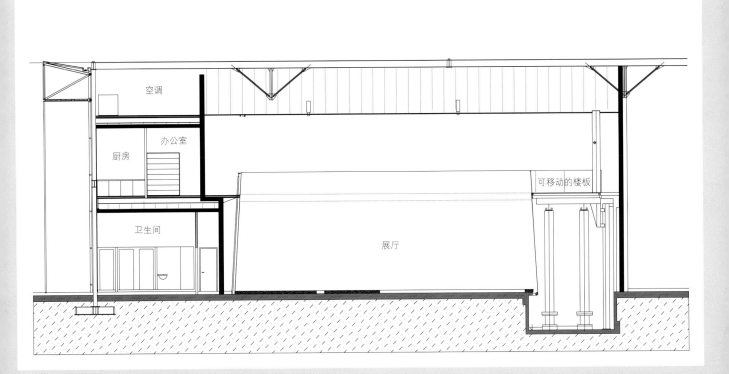

膜基体为基础，这个基体可以提供对外界气候状况的防护，同时还可以形成一个应用许多其他特性的基础层，其中包括气候控制、供电、照明与信息显示等。

气候控制通过相变材料（PCMs，Phase Change Materials）来得以实现，它们是被植入聚酯树脂中，然后挤制产生薄膜的微胶囊。相变材料的操作原则是当物质到达一定的温度时，它会改变相位（在固体、液体或气体之间）来交换热能。从液体向固体的转变带来热能的释放，而从固体向液体的转变则带来热能的吸收。在高温时，相变材料被用来吸收气候的热量，而当气温下降时释放热量。照明与信息的显示由有机发光二极管显示器（OLED，organic light-emitting diode display）来实现。有机发光二极管显示器以发光有机分子为基础，这些分子在通电时可以放射光线，而且它们被制造成聚合物形态或小分子，从而能够直接沉积在聚酯基体上。有机发光二极管显示器具有较低的能耗和较好的分辨率，与现在的平板显示器相比，它更薄且灵活。电源由创新性的有机光电来提供，这些有机光电将光线（光子）转变成稳定的电流（电子），然后将它们转送到巴克球（C60，Buckminsterfullerene）涂层上来维持有机发光二极管显示器系统。随后，通过使用一种与喷墨打印相仿，被称为"沉积印刷"（Deposition Printing）的连续滚转印刷系统（roll-printing system），来将

这些不同的涂层转移到智能包被的基体上。智能包被的不同层也可以通过高速自动化系统层压到一起，用于工业化生产。

尽管智能外墙所使用的所有技术都已经通过检验，但它完全转变为生产力依然处于发展中。然而，2003年在纽约为库珀·休伊特博物馆（Cooper Hewitt Museum）所建造的一座样板建筑成为利用该材料潜力的范本。这座建筑同时还加入了表现其设计与制造原理的展览。为展馆而创造的智能外墙具有有效的热R值1.5，相比于传统的混凝土墙或者空心砖墙（它们具有5厘米的气隙和5厘米厚的聚苯乙烯膨胀绝缘层），智能包被的质量只有它们百分之一。

交互建筑仍然属于一个新兴的设计领域。但其发展的灵感正来源于其他行业中已经得到成功运用的技术转变应用，例如，大众汽车使用了超细纤维复合材料来降低由车顶震颤带来的振动噪声，通过加固材料来应对行驶运动。随着产品设计的发展，交互建筑正对建筑功能的范围、控制和反应性进行改进，例如，WAP（无线应用通讯协议）的使用可以使手机通过互联网控制远程设备。尽管如此，交互建筑依然正开拓着其自身的革新领域，例如智能外墙，它主要由杜邦等制造商或像沃纳·索贝克、基兰·汀布莱克等感兴趣的设计师们来通过工业为基础的研究进行推动。

交互设计基本上是一种技术发展的结果，技术使更好的新型构造及

基兰·汀布莱克建筑师事务所，智能外墙建筑，美国，纽约，2003年。

操作策略成为可能。这些改进的目的在于使建筑更有效和更具有可持续性，同时也使使用者与其建成环境的关系更为适宜和更具有可适应性。人类能否与建成环境相处融洽，这个问题和人类的理解和控制的问题密切相关。毫无疑问，由于建筑系统被设计用来应对使用者的需求，因此互动性至少使人们产生它具有更大控制力的印象。然而，依然需要注意的是交互对我们理解建筑产生了什么样的影响，因为自动化传感控制系统并不适用于所有的人。当它们用神秘的特性，无形之手在控制我们环境的时候，我们能感受到它们正在损害着人类的直接决策，在这个问题上无疑需要达到一种平衡，但是直到交互建筑全部可能性都清晰可见的时候，我们或许还无法决定那种平衡居于何处。

基兰·汀布莱克建筑师事务所，智能外墙建筑，美国，纽约，2003年。

参考文献

Adaptable Architecture, K. Kramer Publishers, 1985

Alexander, Tzonis, Santiago Calatrava – The Complete Works, Rizzoli, New York, 2004

Ashby, Michael and Johnson, Kara, Materials and Design: The Art and Science of Material Selection in Product Design, Butterworth-Heinemann, Oxford, 2000

Bell, Jonathan (ed.), 'The Transformable House', Architectural Design, profile no.146, vol.70, no.4, Wiley-Academy, London, 2000

Brayer, Marie-Ange and Migayrou, Frederic (eds.), Archilab: Radical Experiments in Global Architecture, Thames and Hudson, London, 2001

Brayer, Marie-Ange and Simonot, Beatrice (eds.), Archilab's Earth Buildings: Radical Experiments in Land Architecture, Thames and Hudson, London, 2003

Brookes, Alan J. and Poole, Dominique (eds.), Innovation in Architecture, Spon Press, London and New York, 2004

Burkhart, Bryan and Hunt, David, Airstream: The History of the Land Yacht, Chronicle Books, San Francisco, 2000

Cole, Barbara and Rogers, Ruth (eds.), Richard Rogers Architects, Architectural Monographs, Academy Editions, London, 1985

Constant, Caroline and Wang, Wilfred (eds.), Eileen Gray: An Architecture for All Senses, Deutsches Architektur-Museum, Frankfurt-am-Main, Harvard Graduate School of Design, Cambridge, Mass., Wasmuth, Berlin, 1996

Cook, Peter (ed.), Archigram, Studio Vista, London, 1972

Crosbie, Nick, I'll Keep Thinking, Black Dog Publishing, London and New York, 2003

Davies, Colin, The Prefabricated Home, Reaktion Books, Trowbridge, 2005

Eaton, Ruth, Ideal Cities: Utopianism and the (Un)Built Environment, Thames and Hudson, London, 2001

Flexible Spaces (Architecture Showcase), Links International, 2004

Frampton, Kenneth, Steven Holl: Architect, Phaidon, London, 2003

Friedman, Avi and Grillo, Scott (eds.), The Adaptable House: Designing Homes for Change, McGraw-Hill Education, 2002

Galfetti, Gustau Gili, Model Apartments: Experimental Domestic Cells, Editorial Gustavo Gili, Barcelona, 1997

Garofalo, Francesco, Steven Holl, Thames and Hudson, London, 2003

Gassmann, O. and Meixner, H. (eds.), Sensors in Intelligent Buildings, Wiley-VCH, Weinheim, 2001

Habraken, John, The Structure of the Ordinary: Form and Control in the Built Environment, ed. Jonathan Teicher, MIT Press, Cambridge, Mass., and London, 1998

Habraken, John, Supports: An Alternative to Mass Housing (1961), Urban Press, Seattle, 1999

Hartoonian, Gevark, Ontology of Construction: On Nihilism of Technology in Themes of Modern Architecture, Harvard University Press, Cambridge, Mass., 1994

Herwig, Oliver, Featherweights: Light, Mobile and Floating Architecture, Prestel, Munich, 2003

Hoete, Anthony (ed.), Roam: Reader on the Aesthetics of Mobility, Black Dog Publishing, London and New York, 2004

Jackson, Neil, The Modern Steel House, E&FN Spon, London, 1996

Jandl, H. Ward, Yesterday's Houses of Tomorrow: Innovative American Homes 1850–1950, Preservation Press, Washington, DC, 1991

Jencks, Charles and Baird, George (eds.), Meaning in Architecture, George Braziller, New York, 1969
Kendall, Stephen and Teicher, Jonathan, Residential Open Building, E&FN Spon, London and New York, 2000

Kieran, Stephen and Timberlake, James, Refabricating Architecture: How Manufacturing Methodologies are Poised to Transform Building Construction, McGraw-Hill (Higher Education), New York, 2004

Krausse, Joachim and Lichtenstein, Claud, Your Private Sky: R. Buckminster Fuller, Art of Design Science/ Your Private Sky: Discourse, Lars Müller Publishers, Baden, 1999

David Krell (ed.), Martin Heidegger, Basic Writings, Routledge, London, 1993

Kronenburg, Robert, Houses in Motion: The History, Development and Potential of the Portable Building, second edition, Wiley-Academy, Chichester, 2002

Kronenburg, Robert, Portable Architecture, third edition, Architectural Press, Oxford, 2003

Kronenburg, Robert, Spirit of the Machine: Technology as an Influence on Architectural Form, Wiley-Academy, Chichester, 2001

Kronenburg, Robert and Klassen, Filiz (eds.), Transportable Environments III, E&FN Spon, London and New York, 2005

Lang, Peter and Menking, William, Superstudio: Life without Objects, Skira Editore SpA., Milan, 2003

Leach, Neal, Turnbull, David and Williams, Chris (eds.), Digital Tectonics, Wiley-Academy, London. 2004

Lefebvre, Henri, Everyday Life in the Modern World, Transaction, New Brunswick, 1999

Lüchinger, Arnulf (ed.), Herman Hertzberger: Buildings and Projects, Arch-Edition, The Hague, 1987

Lupton, Ellen, Skin: Surface, Substance and Design, Laurence King, London, 2002

Maffei, Andrea, Toyo Ito: Works Projects Writings, Electa Architecture, Milan, 2002

Melis, Liesbeth, Parasite Paradise: A Manifesto For Temporary Architecture and Flexible Urbanism, NAi Publishers, Rotterdam, 2003

Mollerup, Per, Collapsibles: A Design Album of Space-saving Objects, Thames and Hudson, London, 2001

Mori, Toshiko (ed.), Immaterial/ Ultramaterial: Architecture, Design and Materials, Harvard Design School in association with George Braziller, New York, 2002

Motro, René, Tensegrity: Structural Systems for the Future, Butterworth-Heinemann, Oxford, 2003

Nitschke, Günter, From Shinto to Ando: Studies in Architectural Anthropology in Japan, Academy, London, 1993

Oliver, Paul, Shelter and Society, Barrie and Rockliff, London, 1969

Pope, Nicolas, Experimental Houses, Laurence King, London, 2000

Rapoport, Amos, House Form and Culture, Prentice Hall, Englewood Cliffs, New Jersey, 1969

Reeser, Amanda and Schafer, Ashley, 'New Technologies://New Architectures', Praxis, issue 6, Cambridge, Mass., 2004

Riley, Terence, Light Construction, Museum of Modern Art, New York, 1995

Riley, Terence, The Un-private House, Museum of Modern Art, New York, 1999

Ronconi, Luca (ed.), 'Temporary', Lotus International, no.122, Milan, November 2004

Rudofsky, Bernard, Architecture Without Architects, Museum of Modern Art, New York, 1964

Rybczynski, Witold, Home: A Short History of an Idea, Penguin, New York, 1987

St John Wilson, Colin, The Other Tradition of Modern Architecture: The Uncompleted Project, Academy Editions, London, 1995

Schwartz-Clauss, Mathias (ed.), Living in Motion: Design and Architecture for Flexible Dwelling, Vitra Design Museum, Weil-am-Rhein, 2002

Siegal, Jennifer (ed.), Mobile: The Art of Portable Architecture, Princeton Architectural Press, New York, 2002

Stuhlmacher, Mechtild and Korteknie, Rien (eds.), The City of Small Things, Stichting Parasite Foundation, Rotterdam, 2001

Topham, Sean, Move House, Prestel, London, 2004

Zellner, Peter, Hybrid Space: New Forms in Digital Architecture, Thames and Hudson, London, 1999